应用生物技术大系

现代生物能源技术

——美国国家可再生能源实验室生物能源技术报告

美国国家可再生能源实验室　编著

鲍　杰　译

叶　勤　金　浩　校

科学出版社

北　京

内 容 简 介

本书第一篇是玉米秸秆生产燃料乙醇的过程设计与技术经济评价技术报告，由美国国家可再生能源实验室（NREL）于2002年完成。该报告中的过程设计和技术经济评价模型对新的技术进展带来的成本削减预测非常有用，可以对新的技术进展转换为过程设计上的改进和经济效益上的提高进行快速评价。第二篇是基于生物质来源的高附加值生物基化学品与材料的筛选，由美国国家可再生能源实验室和太平洋西北国家实验室（PNNL）于2003年完成。它是对生物质来源的所有可能的化学品与材料进行的一项大规模调研和筛选项目，从技术潜力与现状、对石油产品的替代性、成本等角度出发，在300种以上的生物基化学品中筛选出了12种最重要的砌块中间体化学品，并详细列出了可能的研发路线。

本书内容实用、翔实、丰富，不同于一般学术著作，几乎所有内容都对我国正在起步的生物能源行业有直接和重要的参考价值，对政府决策者和工业界投资者来说也是重要的参考资料。

This Technical Report was originally published by the National Renewable En-ergy Laboratory for the U. S. Department of Energy.

图书在版编目（CIP）数据

现代生物能源技术 / 美国国家可再生能源实验室编著；鲍杰译. —北京：科学出版社，2009.5

（应用生物技术大系）

ISBN 978-7-03-024519-9

Ⅰ.现… Ⅱ.①美… ②鲍… Ⅲ.生物能源 Ⅳ.TK6

中国版本图书馆CIP数据核字（2009）第065872号

责任编辑：夏 梁 刘 晶 / 责任校对：张 琪

责任印制：赵 博 / 封面设计：耕者设计工作室

科学出版社出版

北京东黄城根北街16号

邮政编码：100717

http://www.sciencep.com

北京凌奇印刷有限责任公司印刷

科学出版社发行 各地新华书店经销

*

2009年5月第 一 版 开本：787×1092 1/16

2009年5月第一次印刷 印张：10 3/4

2025年3月第四次印刷 字数：236 000

定价：98.00元

（如有印装质量问题，我社负责调换）

译校者名单

鲍　杰　叶　勤　金　浩　辛秀娟　胡凤仙
吕伟伟　罗　俊　李　森　吴　辉　李　娓
范翠丽　李　晴　薛学东

译 者 序

由石油资源快速枯竭而引发的能源危机是当今人类社会面临的重大挑战之一。一方面，原油枯竭的态势已经显现。截至 2004 年，全世界已探明原油储量约为 1 万亿桶。加上今后新的油田发现、现有油田的扩容和新采油技术的运用，世界原油储量则可能达到 2 万亿桶。按目前世界原油每年 300 亿桶的消费速度，世界石油储量仅能维持 35～70 年。另一方面，近年来国际政治的紧张态势不断升温，使石油短缺危机不断出现，寻求替代石油的液体生物燃料和材料已经成为世界各国政府的共同目标。

生物乙醇和生物柴油是产业化进程中发展最迅速的两个替代液体车用燃料产品。生物柴油由于受油脂原料的限制，其发展已经进入一个相对的停滞期。目前国际上大规模产业化的生物乙醇产业主要有三种模式：以玉米为主要原料的美国模式、以蔗糖为主要原料的巴西模式和以木薯为主要原料的泰国模式。由于木质纤维素原料几乎是无限量和多来源供应的，纤维乙醇产业化趋势已经远远超过生物柴油。据预测，到 2025 年可能有近 1/3 的液体燃料及 50％的化学品和材料将产自植物木质纤维素材料。2009 年 1 月，位于美国路易斯安那州 Jennings 的年产 4200 吨（140 万加仑）纤维乙醇的工业示范装置开车运行，成为美国 9 套纤维乙醇工业示范装置和 4 套万吨级工业装置中第一套正式投产的工厂，其他装置今后一两年内将陆续开工。这些装置的投产将对纤维乙醇的大规模工业化产生重大影响。

本书第一篇是玉米秸秆生产燃料乙醇的过程设计与技术经济评价技术报告，由美国国家可再生能源实验室（NREL）于 2002 年完成。从 1973 年第一次石油危机之后，美国能源部（DOE）开始积极促进使用木质纤维素原料生产乙醇，用来替代以传统的石油作为运输燃料。DOE 资助该领域内各类基础和应用研究，并需要有一个方法来预测这些研究对降低乙醇生产成本所起的作用。为了达到这一目标，NREL 对大量具有开发潜力的工艺设计方案建立了模型，对每一个工艺进行了技术经济评价。根据长期的工作积累，NREL 在 1999 年出版了第一本木质纤维素生物质生产燃料乙醇的过程设计与技术经济评价技术报告，2002 年出版了更新版本。该报告中过程设计和技术经济评价模型对新的技术进展带来的成本削减预测非常有用，可以对新的技术进展转换为过程设计上的改进和经济效益上的提高进行快速评价，并以此为依据为未来降低乙醇生产成本设定一个优先目标，最终达到 DOE 确定的乙醇销售价格 1.07 美元/加仑（折合约 2500 元人民币/吨）。

本书第二篇是基于生物质来源的高附加值生物基化学品与材料的筛选，由美国国家可再生能源实验室和太平洋西北国家实验室（PNNL）于 2003 年完成。它是对生物质来源的所有可能的化学品与材料进行的一项大规模调研和筛选项目，从技术潜力与现状、对石油产品的替代性、成本等角度出发，在 300 种以上的生物基化学品中筛选出了 12 种最重要的砌块中间体化学品，并详细列出了可能的研发路线。这些基础化学品可以进一步转化为高附加值的生物基化学品或材料。在本报告所做的分析中，基础化学品可以被理解为含有多个功能基团的分子，这些分子具有被转化成具有其他新用途物质的潜力。鉴于这些途径与生物质来源的糖质原料利用有关，本报告对这些途径研究的技术挑战和复杂性进行了简要的概述，以期对改善过程经济的研发有所帮助。

生物质能源是一门发展极快的新兴学科，本书内容实用、翔实、丰富，不同于一般学术著作，几乎所有内容都对我国正在起步的生物能源行业有直接和重要的参考价值，对政府决策者和工业界投资者来说也是重要的参考资料。

译　者

于华东理工大学生物反应器国家重点实验室

2009 年 3 月 25 日

目　　录

第一篇　玉米秸秆生产燃料乙醇的过程设计与技术经济评价

第二篇　基于生物质来源的最具潜力的高附加值化学品

缩　写　词

ABB	ABB 发电系统
ACFM	实际立方英尺/分钟
ASPEN	流程模拟系统
ANSI	美国国家标准协会
API	美国石油组织
BFW	锅炉给水
B/MAP	生物量农产品
BOD	生化需氧量
BTU	英热单位（一种热量单位）
CFBC	循环流化床燃烧室
CFM	立方英尺/分钟
CIP	原位清洗
COD	化学需氧量
CS	碳钢
CSL	玉米浆
CW	冷却水
DAP	磷酸氢二铵
DB	递减余额法
DOE	美国能源部
EIA	能源信息管理署
EPA	环境保护局
EtOH	乙醇
FPU	滤纸酶活单位
FWE	Foster Wheeler 能源公司
GDS	一般折旧制度

GIS	地理信息系统
GPM	加仑/分钟
HHV	高发热值
HMF	羟甲基糠醛
IFPU	国际滤纸酶活单位（见 FPU）
IGCC	整体煤气化联合循环
IRR	内部收益率
IRS	美国国税局
LHV	低发热值
MACRS	（美国国税局）修订的加速成本回收制度
MESP	乙醇最低销售价格
MM	百万
MT	公吨
NREL	美国国家可再生能源实验室
NSPS	新资源生产定额标准
ORNL	美国橡树岭国家实验室
P&ID	带控制点工艺流程图
PDU	工艺开发单元
PFD	工艺流程图
REI	Reaction Engineering Ltd 公司
SCFM	标准立方英尺/分钟
SS	不锈钢
SSCF	同步糖化发酵
ST	短吨（907.2kg）
TPI	总工程投资
VOC	挥发性有机化合物
WWT	废水处理

第一篇　玉米秸秆生产燃料乙醇的过程设计与技术经济评价

作者：A. Aden，M. Ruth，K. Ibsen，J. Jechura，K. Neeves，J. Sheehan，B. Wallace（NREL）
L. Montague，A. Slayton，J. Lukas（Harris Group Seattle，Washington）

出版机构：美国国家可再生能源实验室（National Renewable Energy Laboratory，1617 Cole Boulevard Golden，Colorado 80401-3393）

出版时间：2002 年 6 月

本篇目录

1 引　　言

目前，美国能源部（DOE）正在大力促进使用木质纤维素原料生产乙醇，用来替代传统的石油作为运输燃料。美国能源部正在实施的与此相关的研究计划包括：新的纤维素酶和乙醇发酵菌种的基础和应用研究；对具有潜在价值的工艺过程进行的工程研究；共同出资筹建初步的生物质生产乙醇的示范基地及生产设施等项目。这些研究由包括美国国家可再生能源实验室（NREL）和橡树岭国家实验室（ORNL）在内的各个国家实验室、大学和私营公司共同主导，而项目的工程部分则由有关的工程公司、建筑公司和管理公司具体运作。

促使NREL研究木质纤维素乙醇工厂的整套工艺流程设计及其技术经济评价的主要原因有两个。

首先，针对目前概念工艺过程设计制定的基准流程案例，对于今后的研究具有指导作用。一旦工艺过程的基准流程案例确立，提出的新方案以及预期结果即可转化为新的工艺设计，过程的经济性也可以得以确定。用这样的方式就可以在不同的研究方案之间进行比较，而能源部的决策部门就能够在几种方案中判断出哪种方案最具有降低成本的潜力，从而选择最合适的投资对象。此类研究需要对其进行完整的工艺设计，并对经济性进行研究，因为某项研究中的新工艺可能会对其他项目的工艺产生很大的影响，如产物回收或废弃物处理等，而这一影响可能又会对该项目的经济性产生重大影响。

其次，该项研究使我们能够在过程和工厂设计的基础上对乙醇生产的绝对成本进行计算。在对以往研究进行评估和开展新的研究方向时，相对成本的比较非常重要。然而，为了对比乙醇与其他燃料的经济性，我们也需要研究乙醇的绝对成本。同时，绝对成本对于考察木质纤维素生产乙醇过程的潜在市场渗透力也是必需的。因此，我们正努力建立与乙醇生产设备的应用工程、建设以及操作实践相一致的成本估算方法。为了实现这一目标，必须对包括新的研究领域及工业上可行的各个过程在内的全部工艺过程进行设计，并确定它们的成本。对于当前的设计水平，需要在概念设计的层面上估计投资成本。

在对乙醇工厂的成本估计中，为了提高对影响乙醇生产绝对成本各因素估计的准确性，NREL与Harris集团和Delta-T等公司签约，一起对工艺设计的成本进行收集、审查和估计。在1998～1999年期间，Delta-T公司的工程师与NREL的工艺工程师合作，共同审查了所有工艺设计及设备的成本（其中污水处理及燃烧室锅炉系统除外，它们分别由Merrick Engineering[2]和Reaction Engineering[3]公司审查），并通过对以上工作的总结，出版了第一本设计报告[1]。

经过NREL与Delta-T公司的努力，确定了几个需要进行更广泛的研究的领域。因此，NREL与Harris公司联合，在早期工作的基础上进行了供应商研究、腐蚀试验、工艺设计以及确定了关键设备成本。这里所指的关键设备包括固-液分离设备及预处理反应设备。为了支持美国能源部把工作重点放在努力使秸秆木质纤维素乙醇实现商业化的目标上，玉米秸秆处理技术也被列入了研究计划。与 Harris 公司合作，美国能源部在工艺设计及其成本估计方面获得了很大提高。与此同时，美国能源部与世界上两个最大的酶制造商（Genencor International 和 Novozymes Biotech）合作，使纤维素酶的成本降低了 10 倍。预计这些公司将降低纤维素酶的成本，用来生产燃料乙醇。因此，乙醇工厂将不必自己生产纤维素酶，直接从这些公司购买就可以。本报告概述了使用玉米秸秆作为原料生产乙醇工艺中最新的工艺设计和成本基础。

为了在经济上可行，乙醇的生产成本必须低于乙醇的市场价格。美国能源部把 2010 年乙醇的销售价格定位在 1.07 美元/gal①。本报告中所示的概念设计和成本估计基于一个将在 2010 年开工的工厂，对完成这一设计和达到 1.07 美元/gal 燃料乙醇的目标成本的研发工作进行了详细讨论。

本报告所提出的概念过程设计将随着技术进步被不断更新，并定期发表更新的版本。这样做的目的是确保本过程的概念设计包含所有来自 NREL、美国能源部以及来自其他方面所做研究的最新数据，确保设备成本的合理性及与该类型工厂工程应用的一致性。本报告中没有涉及的领域，表明本设计所使用的设备和工艺方法与目前工厂使用的一致。

1.1 研究方法

建立一个能够描述化学转化过程及其经济性的模型需要许多信息支持。图 1 描述了本文用于建立生物质生产乙醇过程模型所使用的方法。

概念设计的第一步是建立一整套工艺流程图（PFD）。本研究所开发的工艺流程图见附录。本文根据概念设计给出的设备，使用 ASPEN Plus 流程模拟软件[4]计算了物料和能量平衡。这一模型包含了 164 个单元操作模块、457 个流股（其中包括 247 个物流和 210 个热流或功流）、63 个组分和 82 个控制模块。整个模型严格按照热力学定律，使用的物性数据来自 ASPEN 软件的物性数据以及 NREL 开发的数据库[5]。每一个单元模块都符合热力学一致性，计算繁简均可（如精馏可用严格计算模型）。反应器模块中的反应使用动力学表达式建模。根据研发的进展，某些反应可以用实验数据给出反应的转化率。与此相关的模型仍严格遵守质量和能量守恒。其他如液-固分离类型的单元操作的数据，通常由设备供应商给出固体处理量和在固体中的液体滞留量等参数。

根据 ASPEN 模型提供的工艺流程图及物料与能量衡算信息可确定每一个设备的规格。设备规格和成本估算在 NREL 过程数据库中有详细记录，每件设备都给出了设备及其安装的成本清单。

本报告尽可能通过供应商报价来获得设备的成本，尤其是对于预处理反应器等非标准设备。这些成本数据基本能够反映我们所设计设备的成本。工艺流程改动所导致的设备尺寸变化使我们不再对设备成本进行详细计算，而是根据下列成本的幂律方程由新设备的尺寸或者相关特征尺寸计算获得。

---

① 加仑，1gal=3.785 43L

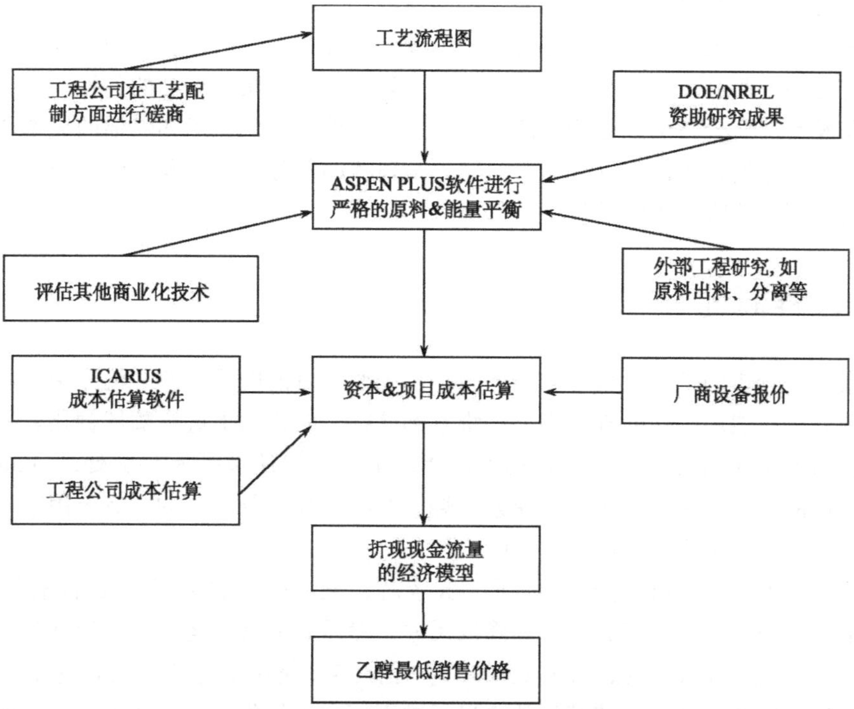

图 1　NREL 所采用的工艺设计与经济分析方法

$$新成本 = 原成本\left(\frac{新尺寸^*}{原尺寸^*}\right)^{\exp}$$

式中，* 表示设备的实际尺寸或线性特征尺寸。

如果已知设备的尺寸会随着入口的流量呈线性变化，那么入口流量就可以用来表征设备特征尺寸。另一个可以用作设备特征尺寸的参数是换热器的热负荷（如果对数平均温度差不改变）。一般来说，选择特征尺寸应该更容易计算，并且当设备变化时结果一致。某些设备很难计算，因此每一次工艺条件改变都要重新计算，变温换热器就是其中的一个例子，每一次运行模型时都需要重新计算换热器的面积，并利用换热器的新面积和原面积之比来计算其成本。

放大指数（exp）的数值来源于供应商 Harris 公司或 Garrett 之类的标准参考报价（如果能够获得不同尺寸设备的两个报价）[6]。安装成本主要采纳了 Delta-T 公司的经验，这方面的情况将在工艺经济性部分（3）作更详细的介绍。

确定给定尺寸的设备成本和安装成本后，加上经常性费用和不可预见成本，即可最终确定乙醇工厂的总投资成本。上述成本与操作成本（通常由 ASPEN 模型软件模拟获得）一起用于折现现金流分析，使用特定的折现率来确定乙醇的生产成本。对于这里所做的分析，乙醇生产成本是用于比较工艺方案优劣的首要因素。

开发替代性的设计方案对于研究经费申请的评估非常有用。这样可以对于几年后或许具有潜力的研究方案，从技术层面进行过程设计和乙醇成本的评估。对于这些项目的评估如同评估未来的科技发展一样。

尽管这项研究的目标是计算乙醇生产的绝对成本以方便与其他燃料作比较，但应该指出的是，乙醇以及可能的电力有可能是本概念设计的唯一产品。然而，或许会有比燃料乙醇有更高的利润空间的小批量的新产品，如基于生物质水解糖的各种产品。如果把其他产品及其销售价格纳入分析，乙醇的生产成本可能降低，正如汽油的成本会随着其他石油炼制产品的销售而降低一样。同样，与现存的乙醇、电力及其他同类产品的生产者协同定位很可能降低乙醇的价格。

1.2 过程概述

本报告所分析的工艺过程可以描述为：首先使用目前的稀硫酸并流方法对木质纤维素进行预处理，然后将预处理的固体纤维素部分在酶的作用下进行酶解糖化，并且通过同步糖化与发酵使葡萄糖和木糖转化为乙醇。工艺设计还包括原料前处理（handling）和储存、产品纯化、污水处理、木质素燃烧、产品储存以及所需的所有公用工程。整个工艺过程可以被分为 8 个工段（图 2）。

玉米秸秆原料（包括茎秆、叶子、玉米芯、玉米壳）将被运至原料前处理工段（feed handling area）（A100）储存和降低尺寸。然后原料会被运送至预处理和脱毒工段（pretreatment and detoxification）（A200）。在该工段使用稀硫酸作为催化剂，在高温下对原料进行短暂的处理，使其释放出半纤维素糖和其他化合物。接下来需要对原料进行洗涤以除去硫酸，使其接近中性。然后加入过量的石灰以除去在预处理阶段释放出的对发酵微生物有毒的化合物，这种脱毒处理仅针对原料水解液的液相部分。

酶水解（或称糖化）和脱毒后的水解液的同步发酵［enzymatic hydrolysis (or saccharification) coupled with co-fermentation］（A300）将在串联的水解反应器和厌氧发酵罐中进行。在水解反应器中加入外购的液体纤维素酶，并使水解温度维持在保持酶活力的最优值。发酵菌种为运动发酵单胞菌（*Zymomonas mobilis*）。首先通过一系列逐步放大的间歇厌氧发酵获得主发酵罐接种所需的种子菌体，然后将接种菌体、其他营养物质以及部分糖化液浆加入在较低温度下操作的第一乙醇发酵罐中。虽然在低温条件下纤维素水解速率较慢，但还是会被进一步水解。经过连续几天的分离和联合糖化及发酵，大部分的纤维素和木糖都转化为乙醇，由此产生的发酵液将被用于产品回收。

产品回收工段（product recovery）（A500）即通过蒸馏发酵液将乙醇与水以及剩下的残留固体分开。接下来会使用处理气相的分子筛将接近乙醇-水共沸物的溶液纯化以得到无水乙醇。蒸馏釜底残留的固体物质将被分离出来并送进锅炉进行焚烧处理，而蒸馏釜底残留的液体物质将被废热蒸发浓缩。蒸发所得冷凝水会被循环利用，而浓缩浆液会被送至燃烧室进行燃烧处理。

部分蒸发冷凝水和其他废水将通过进行厌氧和有氧消化处理的工段（anaerobic and aerobic digestion）（A600）。由厌氧消化产生的沼气（高甲烷含量）会被送至燃烧室进行能量回收。经过处理的水将被送回工艺流程中再次利用。

蒸馏固体经蒸发后得到的浓缩浆液以及厌氧消化得到的沼气将在流化床燃烧室中（fluidized bed combustor）（A800）进行燃烧以产生高压蒸汽，用于发电和供热。工艺

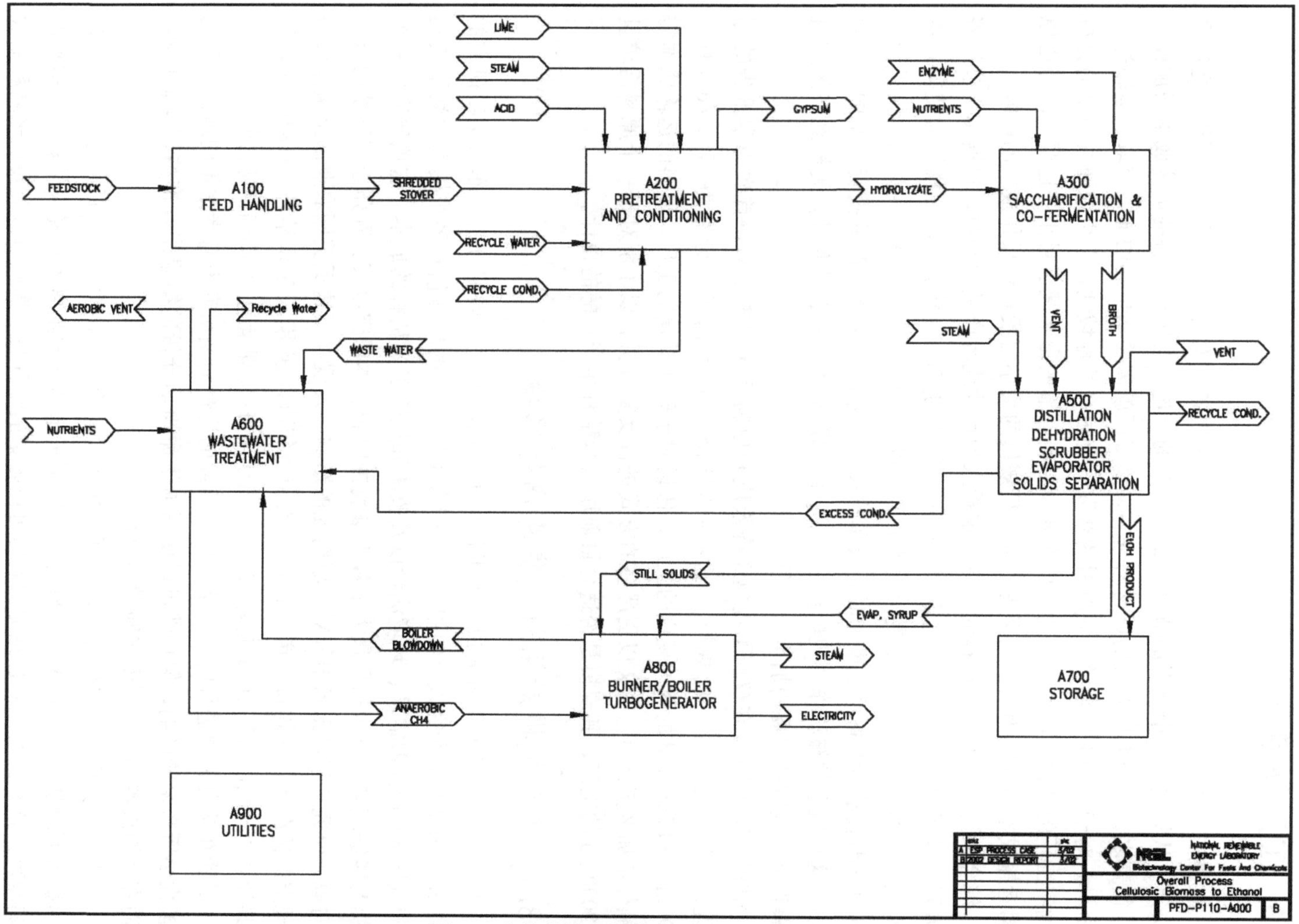

图 2　完整的概念设计流程(PFD-P110-A000)

过程中对蒸汽的需求主要是在预处理和蒸馏阶段。一般来说，工艺过程中产生的过量蒸汽将用来发电，以供过程运转或销售给电网系统。

1.3 工厂规模

在建立一个适当的工厂规模时，必须认真考虑各方面的影响，做一系列权衡之后再做决定。从规模经济中获得的节余（见1.1节的讨论）会因原材料的运输成本增加而抵消。简言之，一个工厂需要的原材料越多，该工厂就需要从更远的地方获取、运输这些原材料。对于一个工厂来说，原材料的获取具有很高的地域性，但可以通过简单的分析来确定工厂的规模，以使工厂的总成本和原材料运输的影响减至最小。这要求既考虑原材料运输成本的影响因素，又考虑乙醇工厂规模的大小对投资和操作成本的影响。

综合来讲，工业生产过程的设备资本投入为尺寸或者产量的函数，根据1.1节的幂律方程，其指数大约为0.6，这表明生产一个单位的产品会由于生产规模扩大使得资本成本减少。如果指数为1，则表示设备的资本投入与尺寸或产量呈线性关系；如果指数小于1，则表示当设备尺寸增加时，每单位设备尺寸的增量所引起的投资成本的增加会变小。这一概念常被称作“规模经济”。当生产设备大到一定程度时，规模经济效应就变得很小，这时就需要增加生产设备。

1991年，NREL在权衡了规模经济效应和原料运输成本之后，首次为本报告的标准设计估算了乙醇工厂的规模[7]。这项研究比较了原料需求量分别为1750t/d（1t＝1000kg）和9090t/d的两种规模的工厂，假设对于较大规模的工厂，原料的运输成本需要额外增加2美元/t。本文以更严格的方式进行反复分析，以了解对于一个原料需求量为2000t/d的工厂，其规模是否适合目前用玉米秸秆生产乙醇的设计。

1.3.1 工厂规模对原料收集距离的影响

NREL和ORNL最近完成了玉米秸秆生产乙醇的生命周期分析。作为该项研究的一部分，ORNL的研究人员使用了一个叫做ORIBUS的地理信息系统模型预测了艾奥瓦州（图3）的能源需求、环境流量以及收集和运输玉米秸秆的成本。这项研究的一个前提是能够获取的玉米秸秆最大量被土壤腐蚀限制。本研究以艾奥瓦州连续种植的玉米为对象，研究了移走玉米秸秆对土壤腐蚀的影响，发现在不违反美国农业部土壤流失限制规定的情况下，平均每英亩（acre）① 农田每年可以获得2t玉米秸秆。ORIBUS估算了共计35个潜在乙醇工厂的运输成本，每个厂的日处理量为2000t玉米秸秆。

尽管在艾奥瓦州进行的玉米秸秆生产乙醇的生命周期研究没有考虑不同地区工厂的规模大小所带来的影响，但仍然可以使用本生命周期分析的结果来校准秸秆运输成本，从而在运输成本和工厂规模之间做出权衡。

对于这一分析，需要估算玉米秸秆收集的运输距离。显然，收集距离会随着工厂规模的扩大而增加。以工厂位置为圆心，以购买玉米秸秆的距离为半径来估算玉米秸秆的收集距离。这个圆的面积是每英亩农田可以收集的秸秆量、周围可以收集玉米秸秆的农

---

① 1acre＝0.404 686hm^2

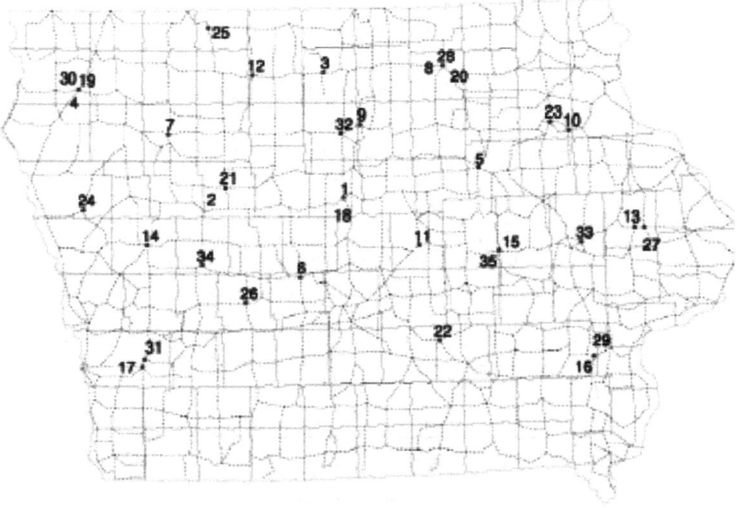

图 3　GIS 模型给出的艾奥瓦州 35 个日处理 2000t 玉米秸秆乙醇工厂位置示意图

田的比例，以及专门用于生产玉米秸秆的农田的比例（相对基础设施而言）的函数。

$$\mathrm{Area}_{\mathrm{collection}} = [D_{\mathrm{stover}}/(Y_{\mathrm{stover}} \times F_{\mathrm{availableacre}} \times F_{\mathrm{landincrop}})]$$

式中，$\mathrm{Area}_{\mathrm{collection}}$表示工厂周围能够收集到玉米秸秆的圆的面积；

D_{stover}表示乙醇工厂对玉米秸秆的年需求量；

Y_{stover}表示每年从每英亩土地中获取的玉米秸秆量（单位：t）；

$F_{\mathrm{availableacre}}$表示可收集玉米秸秆的土地占玉米田的比例；

$F_{\mathrm{landincrop}}$表示周围土地用于种植玉米的比例。

这里的最后两个参数解释如下：简化模型中假设工厂建于玉米田的中心，并非所有的土地都会用于种植玉米。假设其中 25%的土地被基础设施（如道路和建筑物等）占用，那么实际用于种植玉米的土地仅为总量的 75%，此时 $F_{\mathrm{landincrop}}$为 0.75。此外也无法保证乙醇工厂周围的所有农民都愿意或者能够将他们的玉米秸秆收集起来并卖出，因此$F_{\mathrm{availableacre}}$参数在分析中会取不同的值。

图 4 显示了在每英亩玉米秸秆产量为 2t/a 的假设下，乙醇工厂周围不同获取水平条件下玉米秸秆的收集半径。100% of available acres 是指所有的农民都连续种植玉米并非常积极地将他们的玉米秸秆出售的情况，显然，这种情况很难出现。50% of available acres是指农民用他们的土地轮种大豆和玉米的情况。这种情况也不太现实，因为玉米-大豆轮作很难使每英亩农田玉米秸秆的产量维持在 2t/a。在短期内，10% of available acres 比较符合实际情况。在艾奥瓦州或者美国任何种植玉米的地方，粗耕或免耕的耕种方法都没法代表主流的耕种方式。农民若采用密集耕种方式，将使得玉米秸秆难以持续从农田收集。只有在未来农民能从收益、环境和农艺等各方面获得好处以后，才可能会信任收集秸秆这种新的耕种方式，但在短期内这种情况可能难以实现。

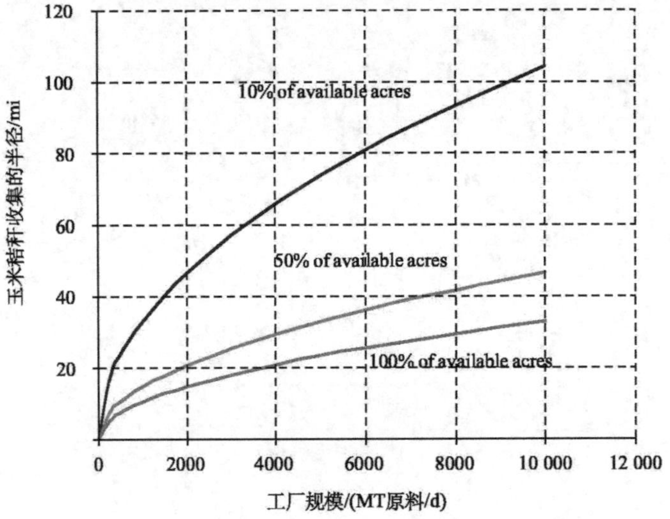

图 4 工厂规模对收集距离的影响

作为一个粗略的经验法则，本文假定每一个工厂都不会收集离它 50mi① 以外的玉米秸秆。对于可获得 10%玉米秸秆收集量的情况，这 50mi 半径可以满足本报告中所提出的 2000t/d 玉米秸秆处理量的设计。另一方面，与使用经验法则来限定工厂规模和原料采集半径相比，根据原料收集成本来确定工厂的规模会更有说服力，这一点将在以下的章节进行陈述。

1.3.2 玉米秸秆成本估算

收集玉米秸秆原料主要有两方面的直接费用：

- 在农田附近将玉米秸秆打捆和装车的费用；
- 从农田到工厂的运输费用。

在过去的两年间，ORNL 在使用现有设备、收获后玉米秸秆立即被打捆并运走的假设下量化了玉米秸秆的收集成本。这样的假设会随着产业发展而变化，但在很大程度上可以反映出目前农民收集玉米秸秆的成本。此外，我们已经将这种收集方法所获得的经验记录在案[9]。图 5 显示了玉米秸秆收集和运输的各种费用的相对值，此图是基于 ORNL 对玉米秸秆生命周期分析的结果。

这些成本分类是在一个特定的前提条件下得出的，即：所有农民都愿意出售玉米秸秆，并且秸秆可以被最大限度的收获。所示成本为艾奥瓦州 35 个可能的日处理 2000t 干玉米秸秆加工点（如图 3 所示）的工厂成本平均值。每吨干秸秆打捆和装车需要 29 美元，几乎为收集成本的一半。由分析可知，我们需要为每吨干秸秆支付农民 11 美元的津贴。这一项费用是原料收集所支付的额外费用。因此，对于每英亩年产 2t 秸秆的农田，农民可以从中获利 22 美元。与农民社团的非正式讨论表明，如果能够提供给农

① 英里，1mi=1.609 34km

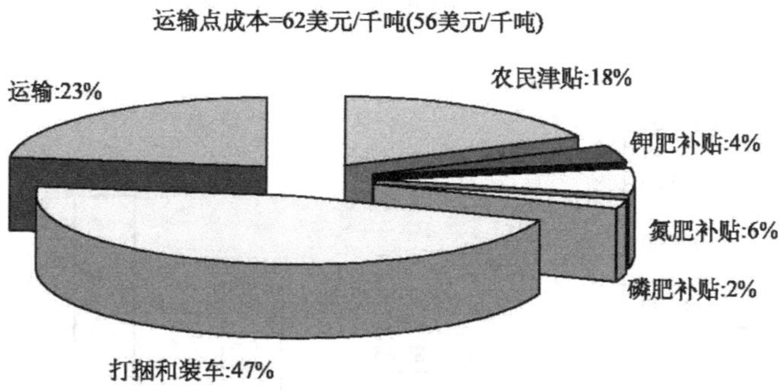

图 5　玉米秸秆成本的典型分类

民超过 20 美元/acre 的津贴，他们将会很乐意接受一些风险来尽力收集玉米秸秆。另外需要注意，由于在收集玉米秸秆的过程中会造成氮、磷、钾等肥料的损失，需要支付额外的肥料补给费用。每吨干秸秆的肥料补给费大约为 8 美元，而这种情况下的运输费用为每吨干秸秆 14 美元。

在该项分析中，运输和打捆的平均费用相对偏高，因为包含了艾奥瓦州所有工厂的费用。而 GIS 生命周期研究的分析表明，每一个日消耗 2000t 干玉米秸秆工厂的地理位置是有序定位的，每一个新的工厂在保证秸秆供应量的情况下，必须使收集成本最低。这样，最后确定的几个工厂需要到很远的地方收集原料，因为这些工厂必须以最低的成本收集到残留的干草。

值得注意的是，本节所显示的原料成本与在本报告最后的工艺设计经济性分析中所使用的最小成本（nominal cost）不同。工艺设计的成本是在乙醇转化技术的研发目标已经实现的基础上根据一系列假设所做的。我们尚未给出低成本的原料收集和运输成本目标值。对于本报告的工艺经济性分析，假设随着原料收集技术的提高，玉米秸秆的最小成本将会减少到每吨干秸秆 33 美元。

最后应注意，本报告的原料成本明显高于以前文献中所报道的成本。这是因为本报告的成本首先是包含了付给农民的补贴和化肥补贴。而文献中提到的成本，有些并不包括付给农民的补贴；或者，虽包括津贴但假定化肥补贴已在付给农民的补贴之内。化肥补贴与农民补贴不计入原料成本的一个原因是在这些估算中往往存在很大的不确定性，其中氮肥补贴尤其难以确定，原因是用于估算所需肥料损失的资料非常少。因此本报告的秸秆收集成本，可视为用于测试乙醇生产成本和工厂规模灵敏度所做出的合理假设，但不可以作为玉米秸秆收集成本的精确评估。

1.3.3　距离对玉米秸秆成本的影响

玉米秸秆运输迄今唯一“真实”的数据来自于艾奥瓦州哈兰（Harlan Iowa）的生物质农产品有限责任公司（BMAP，LLC）[9]。在他们所做的原材料收集研究中，BMAP 给出了玉米秸秆的费用结构，其中运输费用作为原料到工厂距离的一个函数。这些费用在图 6 中给出。本文在评估原料收集成本和工厂规模效应的利弊时，使用成本分项策略将秸秆的成本分项，如图 5 所示，但并不包括运输成本。根据 BMAP 的结果，成本与距离之间呈线性关系，这一结果被用来预测玉米秸秆运输的总成本与工厂之间距离的函数关系。

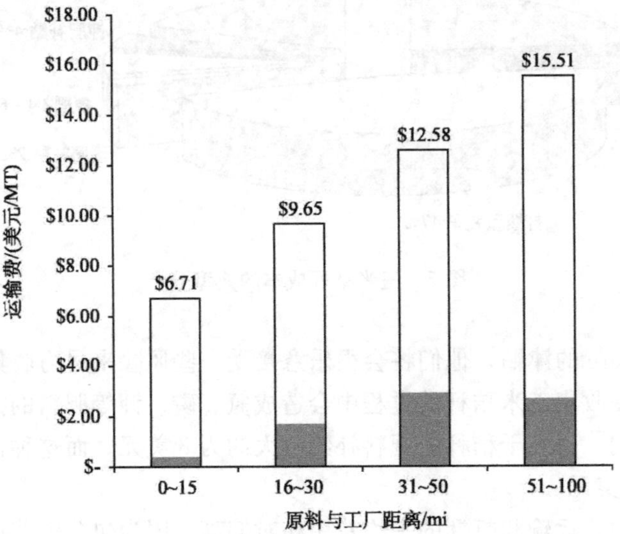

图 6　以玉米秸秆成本为距离函数的运输费用

1.3.4　工厂规模与乙醇成本的关系

分析的最后一步，就是选择合适的工厂大小，这要求我们估算工厂的年度开支和非原料相关的操作成本。我们在这里使用的成本为随后在本文的工艺经济性一节中提到的成本（这是基于原料需求为 2000t/d 的设计基础）。但我们必须考虑工厂规模的影响(规模的经济性)。为了做到这一点，我们需要用一个表达式重新计算年度成本，以代替对日消耗 2000t 的工厂设计所计算的年度成本，这一表达式为幂律型方程，它将我们前面所讨论的规模因素包含在内，将年度开支作为工厂规模的函数来重新计算。在这一分析中，我们使用的资本成本比例指数为 0.7，这一指数是通过对不同工厂规模进行严格建模而计算出来的，并由每个工厂的投资成本和给料速度所确定[10]。

图 7 所示为乙醇的最低销售价格与工厂规模的函数关系。该函数关系较为保守，但比较符合短期内的情况，它是假设乙醇转化工厂能够收集到的玉米秸秆仅为其周围所有玉米田中秸秆的 10%时的情形。将非原料成本、原料相关成本组成以及总成本都标绘于图中，这样就可以非常清楚地看出原料成本与非原料成本各自的特性及相互关系。其中非原料成本曲线符合传统的经济规模效应规律。随着工厂的规模从日消耗原料 2000t 增加到 10 000t 时，每加仑乙醇的非原料成本减少了 0.19 美元，这里的节余似乎很可观。但对于日消耗原料 10 000t 的工厂来说，每加仑乙醇的原料成本则会增加 0.13 美元。在这种情况下，当工厂规模处于日消耗原料 6000～8000t 之间时，每加仑乙醇的净节余可达 0.06 美元，高于此规模则看不到额外的节余。而对于日消耗原料低于 2000t 的工厂，我们发现其成本会随着工厂规模的减小而急剧增加，这就意味着在我们假设的前提下，将日消耗原料 2000t 的工厂确定为工厂的最小规模是一个很好的选择。因此，

对于乙醇转化工厂能够收集到的玉米秸秆为其周围所有玉米田中秸秆的 10%的这种保守的情形，最佳工厂规模为日消耗原料 2000～4000t 之间。

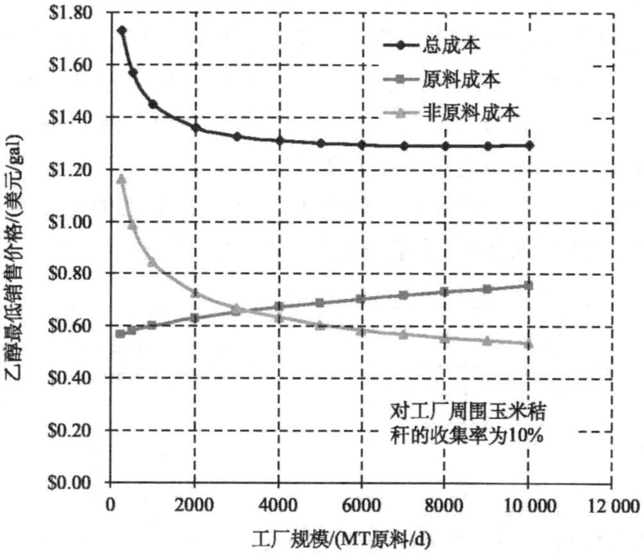

图 7　对玉米秸秆收集率为 10%的乙醇成本与工厂规模的函数关系

随着玉米秸秆收集量的增加，工厂设计的优化范围可能增加。如图 8 所示，当收集玉米秸秆的农田由 10%增加到 25%时，如果工厂规模达到日消耗原料 10 000t，每加仑乙醇的成本由于工厂规模的增加可节省 0.10 美元。但实现 100%玉米秸秆收集的情况时，工厂规模日消耗原料由 2000t 增加至 10 000t，每加仑乙醇可以实现 0.16 美元的成本节余。但这只有当工厂规模增加到日消耗原料 8000t 时才可能实现。

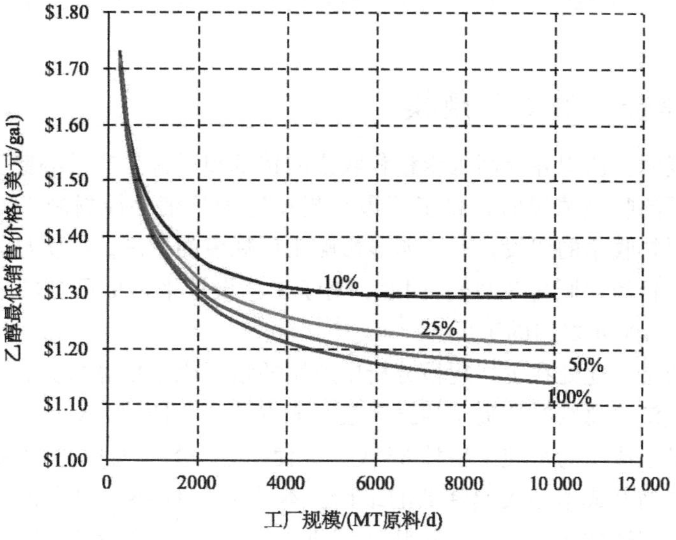

图 8　乙醇价格与工厂规模和玉米秸秆收集率之间的关系

另外一个影响原料运输成本的重要因素为每吨-英里（t-mi）的成本。这一成本的影响因素包括玉米秸秆捆的密度、每辆车能运输的最多秸秆捆数以及道路本身状况。较低的秸秆密度和道路运输能力将导致秸秆运输次数的增加。道路的基础设施也非常重要，因为它影响运输车辆的最大运输速度。运输过程中最大的费用为人力成本，它会随着运输速度的降低而不断增加。图 9 显示了在玉米秸秆收集率为 10%的情况下每 t-mi 的成本。当最优工厂规模降为日消耗原料 2000～5000t 时，每 t-mi 的运输成本将增加 50%（相对于将最优工厂规模定为日消耗原料 2000～8000t 时，每 t-mi 取一倍成本的情况）。当估算的每 t-mi 成本翻倍时，最优工厂规模的最大值不仅可降至日消耗原料 3000t 左右，而且乙醇的最低销售价格随工厂规模增加而明显增加。

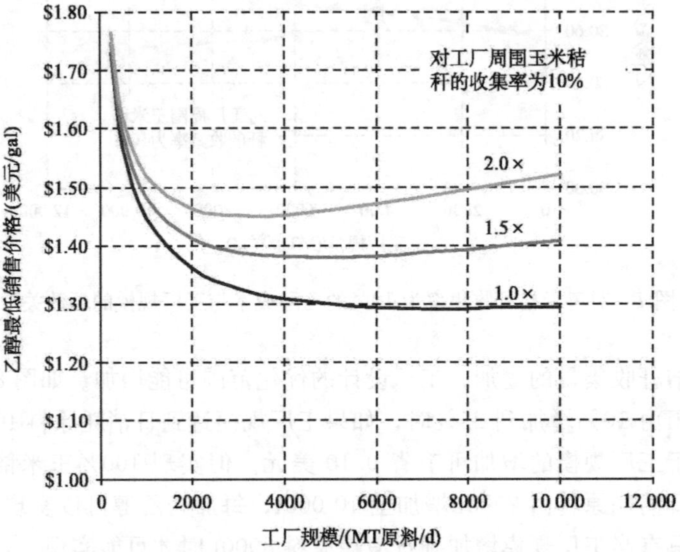

图9　乙醇价格与工厂规模和运输成本的函数关系［美元/（t・mi）］

1.3.5　选择合适的工厂规模

以上分析表明，认识并提高玉米秸秆收集的技术和运输是非常必要的。在考虑更大范围的玉米秸秆的收集情况时，将工厂最小规模定为日消耗原材料 2000t 是非常合理的。如果改变原料收集的假设，就会明显影响工厂规模的范围。很明显，工厂规模的上限不大可能超过日消耗原料 8000t。因此，对于工艺设计来说更可行的范围是日消耗原料规模在 2000～4000t 之间的工厂。

需要指出的是，此处在工厂规模分析中所用的秸秆成本估算数据，与本报告中在详细工艺设计和经济性总结时所提出的原料最小成本是不一样的。对于工艺设计过程，我们使用的原料最小成本为每吨干秸秆 33 美元，使用这一数据意味着默认了 ORNL 和美国农业部所做的秸秆成本会大幅降低的结论。本节中由 ORNL 研究得到的玉米秸秆成本估算比以往所叙述的成本要高，每吨秸秆成本为 38～55 美元[11]。对此，ORNL 认为每吨秸秆成本为 55 美元时，可以得到所有可能的玉米秸秆。

除此之外，我们研究的对象为“第 *N* 个”使用生物质生产乙醇的工厂。假定这些工厂全部位于有利于获取原料的最佳区域，从短期来看，第一批实验性的工厂将依靠分布在非常广泛区域内的当地原料，规模可能会比本文基本假设的规模小很多。

1.4 原料及其组成

原料的选择对于工艺设计的整体分析具有重要的影响。选用的原料类型对工艺中的原料处理部分会产生很大影响，而原料组成又对乙醇产量有着重要影响。

本文的分析所使用的原料为玉米秸秆，原料的组成如表 1 所示。这一组成是由分析 9 个样品组成后取平均值得到的，该样品是 NREL 从 BMAP 公司用于实验室和小试研究的两批吨级捆状玉米秸秆取得的[12]。原料组成分析数据被转化至 ASPEN 模型中的原料组成并进行了归一化处理。一般来说，碳水化合物数据可在 ASPEN 模型中直接使用，其他可溶性组分归为“提取物”（extractive）。未知的可溶性固体组分归一化处理后得出其具体含量，其生成热可根据文献中原料的热值以及各已知组分的热值计算得到。

表 1 原料组成[12]

组分	干基百分含量/%
葡聚糖	37.4
木聚糖	21.1
木质素	18.0
灰分（无机物）	5.2
乙酸*	2.9
蛋白质	3.1
提取物	4.7
阿聚糖	2.9
半乳聚糖	2.0
甘露聚糖	1.6
未知可溶性固体物**	1.1
水分	15.0

* 乙酸代表半纤维素聚合物中的乙酸基，通常在预处理反应器中转化为乙酸。

** 未知可溶性固体归一化计算以满足质量守恒定律。

玉米秸秆的组成及含水量可能会随着玉米的品种、产地、气候、土壤类型以及收获和储存条件的不同而有所不同。NREL 正努力归纳这些差异，并尽量弄清楚这些差异对工艺的影响。最近对玉米品种和秸秆储存条件进行了初步研究[13]，得到了大量的数据，其中主要数据见表 2。

表 2 测得的秸秆组分范围

组分	BMAP 批次[12]	品种研究[13]	储存研究[14,15]	
葡聚糖	36.1～39.1	35.6～38.3	29～41	33.3±2.8
木聚糖	19.3～23.3	19.8～23.0	16～27.5	19.5±2.8
木质素	17.2～18.9	未提供	14～30	21.1±0.8

此处所示的玉米秸秆数据是比较初步的，只是为估算其组成提供一个依据。可以预测，随着对秸秆的研究数据的不断增加，相信工艺模型更加可靠，并可通过适当改变工艺过程中乙醇的转化反应以适应原料组成改变所带来的影响。

2 工艺设计与成本估算

本章详细介绍了基于NREL研发的核心技术进行生物质转化生产乙醇的工艺设计和成本估计。所用工艺设计数据已基本经过实验室和中试验证。在某些情况下，采用一两年以后的预期技术水平作为目前的设计依据（预期的技术水平将会在文中说明）。更详细的工艺设计和成本估计数据可在NREL工艺过程设备数据库中找到，这个数据库包含了来自供应商和成本计算程序的所有工程计算过程及结果。工艺流程图见附录。

成本估算是以假设所建工厂为“第*N*个”工厂为前提的，这意味着有一批运用同样技术的工厂已经建设完成并投入使用。这样，风险投资的额外成本、长周期开车成本以及与第一批工厂有关的其他额外成本不包括在本工艺设计和成本估算中。

工厂操作时间设为总操作时间的96%，即允许有2周多的停工期。这对于“第*N*个”工厂来说是比较合理的。

2.1 原料储存和前处理工段——A100单元（PFD-P110-A101）

2.1.1 概述

玉米秸秆打捆后由卡车运输至每一个工厂。当卡车到达工厂后称重并由叉车卸载。一部分秸秆包会被原地储存，而另一部分则会直接送至传送带。通过传送带，玉米秸秆包将被传送到一个自动拆包系统，它可以切除捆在玉米秸秆上的塑料绳和（或）包玉米的秸秆网。拆包以后的玉米秸秆会被送至一个清洗台，在那里不仅会将秸秆包拆散，还会将玉米秸秆上存在的污垢和沙砾洗掉。清洗完的秸秆将被送至一个磁性分离器以除去其中的金属碎片，然后再将其投入初级和次级破碎器切碎。最后对清洗并切碎的秸秆进行预水解处理。在了解工艺过程对秸秆中污垢及其尺寸的敏感度之后，就有可能降低对秸秆的清洗和破碎处理强度。

清洗秸秆后的污水将使用澄清-沉降系统回收并循环利用。污水被泵入澄清器，而澄清器中洁净的水被重新送回清洗台。澄清器底部流出的污水将会在带式压滤机上脱水。大多数污水都可以通过澄清器回收利用，所以使用的洁净水很少。

2.1.2 设计基础

每个工厂的玉米秸秆原料需求为98 039kg/h（2352t/d），其中原料含水量为15%。玉米秸秆使用塑料网打捆以确保它们在被处理的过程中不至于散开，有时也会用塑料薄膜包裹玉米秸秆以防止阴雨天气的影响。玉米秸秆可以被捆成方形或者圆形，本概念设计对两种形状都适用。方形包的尺寸一般为4ft①×4ft×8ft，其质量介于545～681kg之间。圆形包直径大约为70in②，长度为5ft，质量为545kg左右。这些秸秆包由拖车运送至乙醇工厂。

由于每年玉米秸秆的收获期非常短，原料需要长期储存。可能需要选择一块大约400～500acre的露天场地（或多块场地）集中堆放这些原料。场地需要距离乙醇工厂比较近，以方便获取原料，同时还需要在原地短期储存足够72h使用的原料。原料储存仓库、运输通道以及传送带都将修建混凝土挡板。混凝土挡板可以最大限度地减少原料储存区的积水，并能减少灰尘对秸秆的污染。短期的原料储存，可为周末、假期或者原料的正常运输中断时，提供短期原料供给。储存原料将被不断更替，采取先入先出的库存管理方式。

在设计方案中，原料接收时间为每天12h，每周6d。卡车在磅秤（M-101）上称重后，秸秆包将被以丙烷为燃料的叉车卸载（M-102），或者直接将秸秆包放在两条运输传送带上（C-101），或者存放于短期储存区。秸秆包也会经常用叉车从短期储存区送到传送带上。每一辆拖车能装17个圆形秸秆包，或者9.2t的秸秆，这一重量低于道路的重量限制。为了达到工厂的原料供应及原料储存的需求，工厂必须每小时接受24辆装满秸秆的拖车，同时必须在1min之内卸载7个秸秆包。为了达到这一目标，我们需要8辆叉车，其中4辆用于从卡车上卸载秸秆包，另外4辆用于从短期储存区将秸秆包送至传送带。每辆叉车8h使用33lb③丙烷，可以在短期储存区现场补充燃料。当不需要从卡车上卸载秸秆包时，8辆叉车将全部用于从短期储存区将秸秆包送至传送带。

Harris公司称他们最初的设计为每辆卡车可以装30个秸秆包[16]。但是，最近在实际采购艾奥瓦州哈兰地区的玉米秸秆时，发现一辆卡车最多只能装17个圆形秸秆包，而这正是ORNL在原料储藏研究中所使用的数据。对于秸秆包的运输来说，这是目前能够获得的最有用信息。因此，Harris公司已将其设计中原先使用的每辆卡车装30个秸秆包改为每辆卡车装17个秸秆包。

秸秆包会被运输到两个拆包站之中的一个（C-102），每个拆包站每小时可以拆解开90个秸秆包。拆包后的秸秆将被运输至清洗台（M-104）。在清洗台，用分散杆将秸秆分散，然后使用连接在拖曳链上的金属耙将秸秆拖到一个45°的斜面上。当玉米秸秆到达斜面时，会有水喷洒上去。这样就可以把污垢和沙砾从秸秆上洗去，并可以使水很快地从秸秆下面流走。在切碎秸秆之前进行清洗的目的是可以最大限度地减少产品的吸水量。

清洗完的秸秆会被送到一个传送带上（C-104），这时秸秆会通过一个磁性分离器以除去其中的金属碎屑。随后秸秆会被投入到一个初级破碎机，然后再被送至次级破碎机（M-105），从而将秸秆切碎到适合预水解的大小。对于预水解的玉米秸秆，这一尺寸并没有经过优化，原料破碎后的最大尺寸为1.5in长。每台破碎机每小时可以处理25.2t玉米秸秆。由于对于玉米秸秆的清洗没有实践经验，在这里假设切碎后的秸秆含水量为

---

① 英尺，$1ft=3.048\times10^{-1}m$

② 英寸，1in＝2.54cm

③ 磅，1lb＝0.453 592kg

30%～40%。

清洗台的设计借鉴了甘蔗加工工业的方法。甘蔗加工同样是对甘蔗清洗之后再对其处理。一个 24in 宽的甘蔗清洗台通常每天可以处理 4082t 的甘蔗。由于秸秆的密度比甘蔗要小，因此每天 2000t 的秸秆处理量对于一个 24in 宽的机器是比较合理的。每一个清洗台每小时大约能够喷洒 568m^3 的清洗水。若需要更多的清洗水，则可以通过增加喷嘴数目或加大流量实现。尚未确定清洗秸秆所需的清洗水，工艺设计中所使用的为 568m^3/h。

清洗产生的污水通过澄清-增稠器（S-101，T-102）在一种聚合物的帮助下除去其中的固体物质，以实现循环利用。澄清器底部的污垢将在带式压滤机上脱水（S-102）。脱水后的污泥主要成分为秸秆表层土和玉米秸秆碎屑。污泥被运往附近的农田作为农田基肥。清洗水用量取决于带式压滤机的效率和秸秆的吸附能力。因为大多数的水都回收至清洗水罐（T-101）并重新运往清洗台，所以洁净水的消耗仅为 43 000kg/h，这相当于清洗水总量的 4%。预计约 1%的清洗水在清洗的过程中挥发了（11 400kg/h），另外 3%的清洗水大部分被秸秆吸收，还有少量的水存在表层土和秸秆碎屑中。

所用到的大多数设备都已经在稻草、玉米秸秆以及甘蔗等加工工业中实现商业化。自动拆包站是唯一没有实现商业化应用的设备。芬兰的 Cross Wrap OY 公司拥有塑料薄膜的打包系统，并开发了一些拆包技术，但这些技术需要进行改造才能适用于拆解用塑料网或塑料薄膜打包的秸秆。人工拆包也是可行的，但对于这样的操作规模来说，其劳动强度太大。

根据秸秆包的处理需求，计划每班次安排 8 名驾驶员驾驶叉车，以卸载卡车上的秸秆并满足工艺过程中对原料的需求。

2.1.3 成本估算

Harris 公司从供应商那里获得了叉车、清洗台、破碎机、澄清-增稠器以及压带机的估计成本，而 Cross Wrap OY 公司估计了“第 *N* 个”工厂的拆包设备成本。同时 Harris 公司根据经验估计了其他设备（如泵、传送带、油箱以及混凝土等）的成本。

2.2 原料预处理及水解液处理工段——A200 单元（PFD-P110-A201-3）

2.2.1 概述

预处理及水解液调节过程是通过在高温和稀硫酸存在条件下的水解反应将原料中的大部分半纤维素水解为可溶性糖，主要是木糖、甘露糖、阿拉伯糖和半乳糖。半纤维素中的葡聚糖和少量的纤维素则转化为葡萄糖。这些反应可以溶解原料中的一部分木质素并使纤维素“暴露”在外面，以使其后的纤维素酶水解反应得以进行。半纤维素的水解释放产生了乙酸，同时还生成了戊糖（主要是糠醛）和己糖（主要是羟甲基糠醛）等降解产物。

预处理反应后得到的水解液体和固体将通过闪蒸进行分离。闪蒸过程会蒸发出大量的水、部分乙酸，以及大部分的糠醛和羟甲基糠醛（图 10）。除去这些杂环醛是很有好处的，因为它们对下游工艺中的发酵微生物有毒。

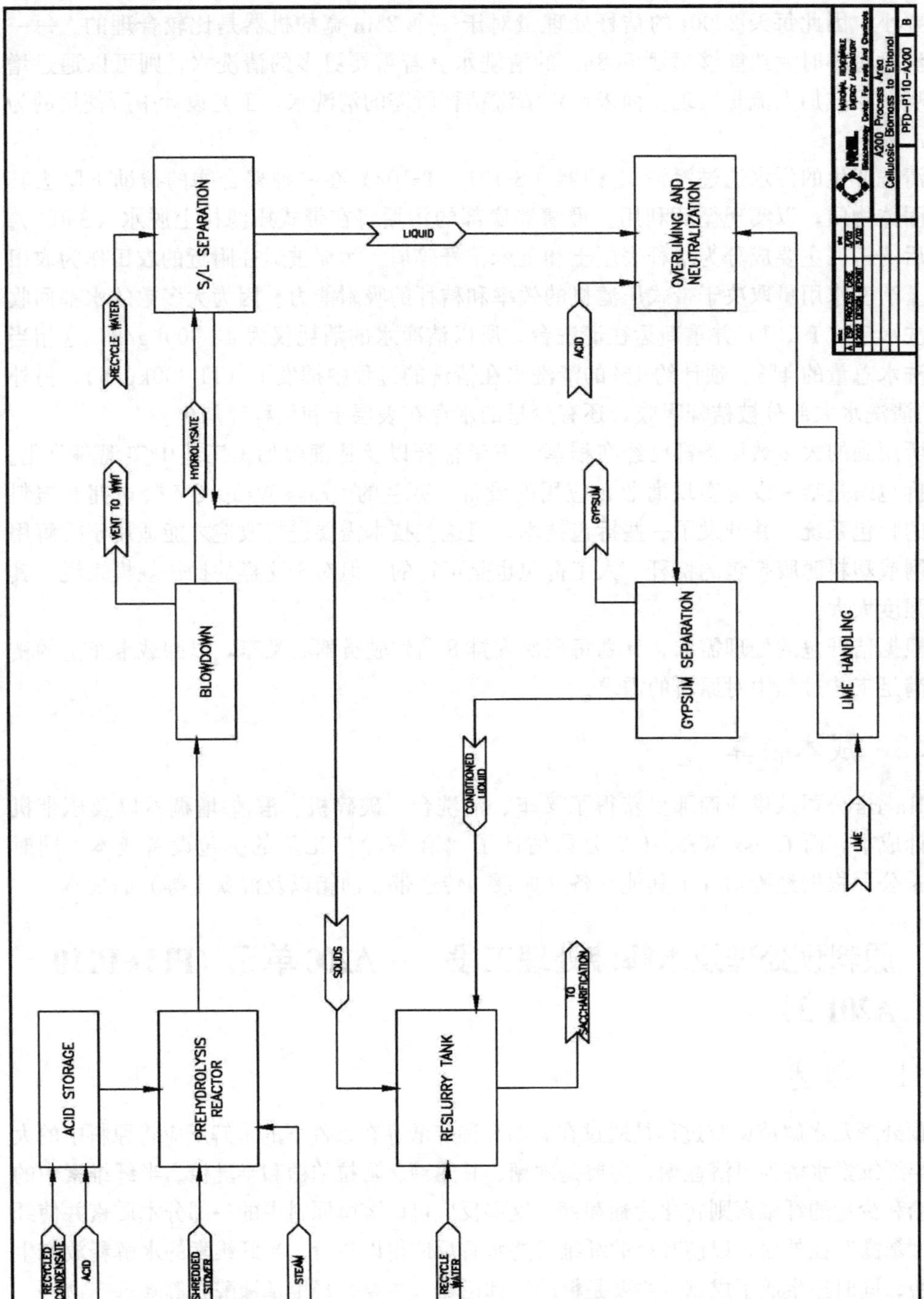

图 10 预处理工段流程图（PFD-P110-A200）

除了使用闪蒸的方法脱醛外，我们还要对水解固体物质进行冲洗、挤压，以除去固体物质中包括硫酸在内的液体水解液。接下来，水解液中要加入过量的石灰以对其进行“过碱化”处理（overliming），即将水解液的 pH 提高到 10 左右（通过加入石灰），静置，再加入酸中和过量的石灰。沉淀下来的硫酸钙用过滤方法除去。过碱化处理的水解液再与固体物质（纤维素）和稀释水混合，运往糖化和共发酵工段（A300）。

2.2.2 设计基础

清洗干净并切碎的玉米秸秆要经过预处理。首先用 100℃左右的低压蒸汽进行处理（见图 10. PFD-P110-A201）。蒸汽可以带走不可压缩气体，这些气体会占据反应器的空间，同时低压蒸汽还能够为预水解反应提供 1/3 的热量。预蒸汽发生器[17]中的蒸汽由一套变频驱动的螺旋传送装置供应，该装置可以根据工艺要求而改变进料速率。发生器内部安装有搅拌器的水平管道以搅拌秸秆。需要使用变频螺旋传送带，将在预蒸汽发生器中处理好的秸秆运至卸料罐中。卸料罐是预蒸汽发生器和反应器之间的连接装置，有密封料液的作用。在卸料罐底部有一个活动阀门，可以通过该阀门向预处理反应器中放料。在放料过程中蒸汽会冲入阀门，原料在蒸汽压力下可以更容易地进入预处理反应器。卸料罐制造商 Anco-Eaglin 公司称，卸料阀门中的蒸汽类似于文丘里分布。蒸汽是推动原料进入反应器的动力。阀门上安装了一个栓，以维持预处理反应器中的压力。反应器的内部同样有搅拌器进行料液搅拌。原料在卸料阀门靠近出口的一段被压实，以保证从卸料桶中出来的原料有很好的密封作用。

原料在预蒸汽发生器内的最大停留时间为 20min。停留时间根据原料的颗粒大小确定，可以进一步缩短。水平的预处理反应器设计的最大装载量为其容积的 95%，最大停留时间为 10min。根据 Anco-Eaglin 公司的经验，这一装载量可以保证原料充分的混合及蒸煮。由于反应器的装载量较大，所需的反应器数目可以减少。Anco-Eaglin 公司最初的观点是采用 10min 的停留时间；之后根据 2min 的目标停留时间对反应器进行了调整。共使用了三套反应器设备（每套设备均包括预蒸汽发生器、卸料罐和预处理反应器）。NREL 及其他预处理研究机构正在研究较短停留时间实现预处理连续操作的可行性。

秸秆用蒸汽处理以后在反应器中加入硫酸。浓硫酸用蒸发冷凝水稀释（见 2.5 节）至硫酸浓度达到 1.1%。这时秸秆混合物中大约含有 30%的不溶性固体。接着我们使用透平式蒸汽机向反应器中直接注入 13atm① 的饱和水蒸气（其饱和温度为 192℃，76℃的过热温度）以提高反应器中的温度。预处理反应器（M-202）是在 12.1atm（177Pa）及 190℃下进行操作。在能量守恒计算时忽略了反应器中的热量损失。表 3 总结了预处理反应器的操作条件。

表 4 总结了在预处理反应器中进行的化学反应及转化率。转化率是指反应物转化为产物的百分率。在此假设半纤维素糖类（阿拉伯多糖、甘露聚糖、半乳聚糖）与木糖有相同的化学反应及转化率。

---

① 标准大气压，1atm＝1.013 25×10^5Pa

表 3　预处理反应器的操作条件

酸浓度	1.1%
停留时间	2min
温度	190℃
压力	12.1atm（177Pa）
反应器中固体含量	30%

表 4　预处理水解反应方程式及转换率

反应方程式	反应物	转化为产物的比例
(葡聚糖)$_n$ + $nH_2O \longrightarrow n$ 葡萄糖	葡聚糖	0.07
(葡聚糖)$_n$ + $mH_2O \longrightarrow m$ 葡萄糖低聚物	葡聚糖	0.007
(葡聚糖)$_n$ + $\frac{1}{2}nH_2O \longrightarrow \frac{1}{2}n$ 纤维二糖	葡聚糖	0.007
(木聚糖)$_n$ + $nH_2O \longrightarrow n$ 木糖	木聚糖	0.90
(木聚糖)$_n$ + $mH_2O \longrightarrow m$ 木糖低聚物	木聚糖	0.025
(木聚糖)$_n$ + 　$\longrightarrow n$ 糠醛 + $2nH_2O$	木聚糖	0.05
乙酸盐 $\longrightarrow$ 乙酸	乙酸盐	1.0
(木质素)$_n \longrightarrow n$ 可溶性木质素	木质素	0.05

注：葡萄糖和木糖的寡糖是其可溶性低聚物形式的糖。

预处理反应器释放的物料将在 T-203 被闪蒸冷却至 1atm（14.7Pa）。闪蒸蒸汽由 Hayden O' Connell[18] 状态方程建模和计算其乙酸蒸气量。乙酸在气相中会生成二聚体，Hayden O' Connell 状态方程能够正确地计算这一特征。如果不考虑气相中形成的乙酸二聚体，计算出气相中蒸发的乙酸会偏高。在以上闪蒸过程中，7.8%的乙酸和 61%的糠醛与羟甲基糠醛可以被除去。

100℃、53 000kg/h 的闪蒸蒸汽可用于对 H-201 的发酵液进行预热。热交换后发酵液的温度可达到 95℃，而闪蒸蒸汽在 T-203 被冷凝。冷凝蒸汽被送往污水处理工段（A600）。

在闪蒸罐中停留 15min 以后，含有 21%不溶性固体的水解浆液被送至 Pneumapress 压滤机（S-205）中进行固-液分离（见 PFD-P110-202）。固-液分离的目的是为了除去液体中的有毒组分，以适合下游的发酵操作。

Harris 公司考虑了不同类型的液固分离设备，其中包括两种沉降式离心分离机和几种类型的过滤机（压滤机、带式压滤机、加压过滤机）。而 Pneumapress 加压带式压滤机可以用最少的水得到最高的固体和可溶性物质的回收率。

Pneumapress 压力过滤机可以提供固-液分离的自动批处理，它的原理为：迫使压缩空气（125Pa）穿过原料浆液和过滤介质，使空气取代其中的液体，并使过滤机上的滤饼含量达到最大。该设备可以使滤饼中固体含量达到很高，并具有很高的滤饼清洗效率。小试实验证明[19]，该压滤机可以使干滤饼中不溶性固体的含量达到 55%，回收率达 99.5%。当清洗水与原料比为 0.58 时，经过两次清洗，滤饼的清洗效率可达 95%～

96%。一般来说，该批操作所用的时间是非常短的（低于 10min）。与其他种类的分离设备相比，Pneumapress 压滤机在价格上同样具有竞争力。

Pneumapress 压滤系统的循环操作方式如下。首先，将预处理浆液从排出罐中泵入水解液搅拌罐（T-205）并将其与回收滤液（来自 T-213 罐）混合，这样可以将原料浆液中的不溶性固体稀释至适合用泵运送的水平，使浓度约为 10%的浮固体能够很方便地以流态化方式运至 Pneumapress 压力过滤机。稀释好的原料浆液被运至 Pneumapress 压力过滤机以后，在 Pneumapress 中增压以推动滤液通过过滤器。这时滤液会流向洗滤罐（T-213），然后使用初始滤液罐（T-211）中的液体清洗滤饼，此时所得的滤液同样流入洗滤罐（T-213）。最后使用循环水清洗滤饼，并将空气鼓入滤饼以取代其中的液体（主要为水）。最后一次洗涤滤饼用的滤液将流入初始滤液罐（T-211）。用空气压缩机运送空气，以除去滤饼中的水和其他可压缩物质，然后将废气送至燃烧室作为助燃空气。空气中的挥发性有机物质会被燃烧掉。冷凝水将被送往污水处理系统。

最终得到的滤饼会从 Pneumapress 过滤机中取出，使用传送带将其运至原料浆液罐（T-232），在那里它将与处理完的水解液及额外的循环水混合。需要处理的产物液将从初始滤液罐和洗滤罐中泵出，并被运送至换热器（H-200）冷却至 50℃。选择 50℃作为冷却的最终温度，是因为下一个加入过量的石灰的过碱化操作单元是在该温度下完成的。洗滤罐中的液体同样可以起到稀释预处理浆液的作用。

工厂的空气压缩机可为 Pneumapress 过滤机提供 9.5atm（140Pa）的压缩空气。

固-液分离后需要在液体物料中加入过量的石灰（见 PFD-P110-A203）。石灰加到 T-209 罐中，使其中料液 pH 达到 10。原料在 T-209 罐中停留 1h 以保证料液能与过量的石灰“反应”完全[20]。根据 Delta-T 公司的经验，这一过程的搅拌功率设为 98.5 W/m^3。然后将料液的 pH 在 T-224 罐中调节至 4.5 并静置 4h。如此长的停留时间是为了保证硫酸钙晶体能够形成合适的尺寸，在料液相继通过水力旋流器和转鼓过滤器后，能够将硫酸钙晶体立即清除[21]。将 T-224 罐的搅拌功率设为 98.5 W/m^3，这同样是借鉴 Delta-T 公司的经验所得出的结果。假定过滤过程可以除去 99.5%的硫酸钙沉淀，并假定固体中含有 20%的液体[22]，对于料液中所含的 80%的固体来说，硫酸钙可以看作干固体来处理。这种处理方法是供应商推荐使用的，它是在烟气脱硫行业中为实现高浓度硫酸钙固体的商业化，而在典型脱水设备中使用的方法。

在硫酸钙被过滤除去以后，经过处理的水解产物的液体成分和固体成分（在 S-205 被分开）在 T-232 罐中被重新混合（见 PFD-P110-A202）。在搅拌罐中的停留时间为实现液固充分混合的最短时间（15min 左右）。借鉴 Delta-T 公司的经验，该过程的搅拌功率设为 394W/m^3。经过适当的处理、调整 pH 以及合理的稀释，这时得到的原料浆液就可以泵入发酵罐（A300）。

2.2.3 成本估算

本节中所涉及的所有泵、罐、螺旋传送带以及搅拌机都通过 ICARUS 过程评估软件来估算其成本[23]。除预处理反应器（M-202）、闪蒸罐（T-203）和 Pneumapress 过滤机以外，其他所有设备材质都根据 Delta-T 公司的经验选为 304SS。制造闪蒸罐所使用的材料为 SS316，因为它需要在高于 100℃的温度下防止酸的腐蚀。Harris 公司则推荐在该工艺过程中用于液固分离的大部分设备都使用 SS316 材料制造。

Harris 公司从 Anco-Eaglin 公司获得了连续预处理反应器的报价。根据休斯敦 Intercorr 公司的研究并通过 Anco-Eaglin 公司提供的腐蚀数据，反应器的制造材料，包括管道的搅拌器和轴在内，都定为 Incoloy 825；包括预蒸汽机在内的其他反应器部件均定为不锈钢（316L）。Anco-Eaglin 公司认为这样的成本估计为“第 *N* 个”工厂的成本提供了很好的参考价值，因为它与目前正在使用的设备具有相同的设计。

NREL 建立了一个基于电子数据表的模型，用来预测不同合金在不同的酸度和温度环境中的基本腐蚀速率。该模型是在近几年对不同腐蚀性研究所得出的一系列腐蚀数据的基础上建立的[24]。尽管该模型不是很严格，但为选择不同条件下的合金材料提供了很好的指导作用。对于固体 Incoloy 825，预测它在目标预处理条件下的腐蚀速率低于 20mil①/a，该合金的抗腐蚀能力是令人满意的。图 11 所示为不同温度和酸浓度对 Incoloy 825 腐蚀速率的影响。随着温度升高或者酸浓度的增加，其耐腐蚀能力都会下降。

固-液分离器 S-205 和 S-222 的成本估计分别来自 Pneumapress 和 Komline Sanderson 供应商的报价。需要三个 Pneumapress 操作单元以处理过程液体物料。

2.2.4 完成案例设计

表 5 列出了 NREL 的 1t/d 规模得出的操作条件，包括使用连续 Sunds 垂直反应器和 4L 蒸汽喷射器获得的操作条件。

表 5 预处理水解器实验条件

	Sunds 反应器[25]	蒸汽喷射器[26]
酸浓度	1.16%	1.1%
停留时间	6.2min	2min
温度	179℃	190℃
压力	9.7atm (142Pa)	12.1atm (177Pa)
反应器中固体含量	19%	37%～47%

表 6 是每个反应器中的化学反应方程式及转化率。所有数据均来自在表 5 所列出的实验条件下进行的实验。在使用 Sunds 反应器时，总碳回收率为 105%，这表示在产物液中所测得的碳含量比在原料液中测得的碳含量大约高了 5%。在这种情况下，碳的回收率比以前实验测得的结果要高，但仍然处于碳质量守恒的标准范围 90%～105%之间。过高或过低的碳含量范围，通常是由于实验过程和分析方法的不严格，或者生成的降解产物无法在分析过程中被识别所造成的。

---

① 密耳，$1\text{mil}=10^{-3}\text{in}=2.54\times10^{-5}\text{m}$

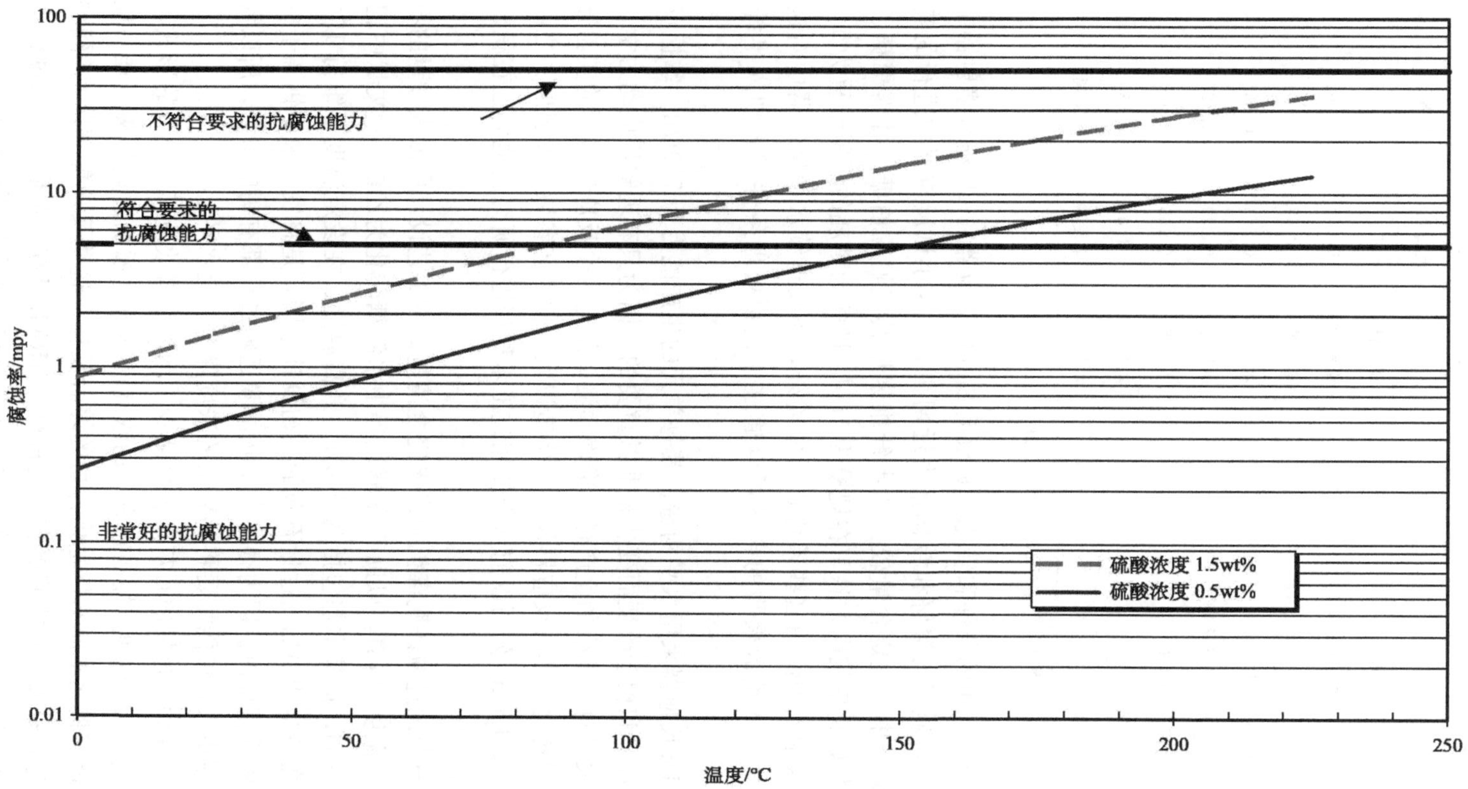

图 11　Incoloy 825 的抗腐蚀能力

表 6　预处理反应器的反应方程式及转化率

反应方程式	反应物	转化为产物的比率		
		Sunds 反应器[25]	蒸汽喷射器[26]	设计案例
(葡聚糖)$_n$＋nH$_2$O ⟶n 葡萄糖	葡聚糖	0.0675	0.081	0.07
(葡聚糖)$_n$＋mH$_2$O ⟶m 葡萄糖低聚物	葡聚糖	0.006	0.0	0.007
(葡聚糖)$_n$＋$\frac{1}{2}n$H$_2$O ⟶$\frac{1}{2}n$ 纤维二糖	葡聚糖	0.008	0.0	0.007
(木聚糖)$_n$＋nH$_2$O ⟶n 木糖	木聚糖	0.675	0.837	0.90
(木聚糖)$_n$＋mH$_2$O ⟶m 木糖低聚物	木聚糖	0.029	0.126	0.025
(木聚糖)$_n$＋ ⟶n 糠醛＋2nH$_2$O	木聚糖	0.159	0.03	0.05
乙酸盐 ⟶乙酸	乙酸盐	1.0	0.638	1.0
(木质素)$_n$⟶n 可溶性木质素	木质素	未发现	未发现	0.05

注：葡萄糖和木糖的低聚物是其可溶性低聚物形式的糖。

设计案例中所采用的条件和转化率是根据 Sunds 反应器和 4L 蒸汽喷射器中进行的实验来确定的。木质素的溶解和转化量由近期在 Sunds 小试反应器中进行的实验所确定[27]。在设计案例中，假定含量较少的半纤维素糖类（阿拉伯糖、甘露聚糖、半乳聚糖）与木聚糖的转化率相同。除了在规模为 1t/d（即每天消耗的原料干重为 1t，下同）的垂直 Sunds 反应器中使用这些条件进行实验外，还在连续水平反应器中对这些实验条件进行了放大。木糖低聚物的含量可以通过优化预处理条件或者加入半纤维素酶降低。

Anco-Eaglin 反应器采用水平构造，其每单元的生产能力为 700t/d。掌握反应动力学随反应器的尺寸和构造改变而变化是非常重要的，因为只有理解反应动力学，才能在预处理规模放大时对大规模的生产进行准确预测。从这三个反应器得到的实验数据将被用于理解和预测转化速率与反应器尺寸、构造以及其他工艺参数（如温度）之间的函数关系。由于 Anco-Eaglin 公司以前从未使用过玉米秸秆进行研究，他们正在积极寻求合作研究的机会。

使用过量石灰的过碱法脱毒机制尚未完全清楚。在工艺设计中加入过量的石灰是为了改变反应液的温度和 pH，以助于发酵过程中水解糖转化为乙醇[28]。文献中记录的该工艺过程略有不同，但基本都包括调节 pH、升高温度、在设定温度下维持 15～30min 以及热过滤。在该步骤中加入过量石灰的最初设计意图，是将发酵液中钙离子的浓度降低到微生物可耐受范围内。因为很多微生物的膜运输过程都有钙的参与，所以为了实现微生物的有效糖摄入，可能需要将钙离子的浓度降至一定水平。

现在正在研究添加过量的石灰是否会减少、增加或者改变某种组分的形式，或者上述情况都会出现[29]。现在知道控制钙离子的浓度已不再是添加过量石灰的唯一优点。过量的石灰似乎能够催化木质素衍生化合物的缩合反应。这些反应能解除水解液的毒性，而在 pH 较高时，脱毒反应能够更有效地进行。NREL 已在立项研究脱毒过程中所涉及的特殊功能基团的变化。我们希望能够弄清木质素脱毒过程中所涉及的真正化学反应机制，以指导我们选择可以替代加入过量石灰的方法，达到不加入石灰而将其清除的目的。凝结木质素的酶系统以及能够清除低分子质量木质素的方法或许值得一试。

在工业生产规模中加入过量石灰的最大挑战是很难精确地控制 pH，当 pH 达到 11 时，约有 30%的葡萄糖会转化为羟甲基糠醛并发生其他的副反应。在加入过量石灰的过程中，有数个因素的影响增加了 pH 的监控。水解液的自然缓冲能力也使得中和反应进行得很缓慢。温度及溶液中可溶性有机化合物（糖和木质素）的存在会影响测量 pH 的膜电极的正常工作。

2.3 糖化及共发酵工段——A300 单元（PFD-P110-A301-2）

2.3.1 概述

该工段包含两个不同的操作：用纤维素酶将纤维素转化为葡萄糖的糖化操作；将获得的葡萄糖和其他糖（由半纤维素稀酸预处理获得，A200）发酵成乙醇的共发酵操作。

首先进行的是水解（或称糖化）。本步骤与发酵步骤分开进行，原因是为了使糖化步骤在较高的温度下进行以增加酶的转化效率，减少反应时间和酶用量。用于纤维素糖化的酶是从一家酶供应商购得的。纤维素酶和稀释、脱毒后的预水解液被连续加入到 5 个并联的 100 万 gal 容量的糖化反应器中。

纤维素酶由许多酶组成，包括：内切葡聚糖酶，随机攻击纤维素长纤维，使其分子质量迅速下降；外切葡聚糖酶，作用于纤维素长纤维的末端，水解晶体纤维素；β-葡萄糖苷酶，将纤维二糖水解为葡萄糖。有几种细菌和真菌能够自然合成这些酶，包括反刍动物和白蚁肠道中的细菌以及白腐真菌[30]。工业上最常用的生产纤维素酶的微生物是里氏木霉（*Trichoderma reesei*）。世界上最大的两家酶制造商——Genencor International 公司和 Novozyme Biotech 公司正在开发更具成本效应的纤维素酶。美国能源部也正在资助该项重要工作，这无疑会大大提高生物转化的经济可行性。

重组的运动发酵单胞菌工程菌（*Z. mobilis*）被用作发酵菌种[31]。*Z. mobilis* 工程菌可以将葡萄糖和木糖发酵成乙醇。本工艺设计假设甘露糖和半乳糖同样可被发酵成乙醇。几家研究机构[32]正在构建能够利用各种糖的基因工程菌（如 *Z. mobilis* 菌），或者正在筛选可以代谢半纤维素糖的天然菌种。

该工艺中使用的 *Z. mobilis* 菌必须先“生长”在一系列种子发酵罐中。糖化后的原料浆液与营养物质混合后，将作为培养基被装入较小的菌种罐中，并在其中接入一级菌种（生长于实验室的菌种）。每一批种子罐得到的菌种都将被用于接种下一级的种子扩增罐。对菌种进行一系列放大后得到的菌种能够满足生产发酵的需要。

最后，将接种菌种、营养物质以及糖化的原料浆液一起加到并联的连续发酵罐中进行同步糖化和发酵反应。尽管乙醇产生菌的温度耐受力有限，使得发酵罐中的温度必然低于纤维素酶的最佳温度，料液中的酶仍然有水解纤维素的作用。发酵中大约需要 5 个并联 100 万 gal 的发酵罐。精馏分离之前，发酵液收集在使用发酵池中（储存罐）。

2.3.2 设计基础

脱毒和稀释后的预处理液浆加入糖化罐中与加入的稀释液及纤维素酶溶液混合，固体总含量（包括可溶性和不溶性固体）大约为20%[33]。酶用量由水解液中纤维素的含量、纤维素的期望水解程度以及水解液在糖化罐和发酵罐中的停留时间决定。利用低压蒸汽将通过换热器（H-301）从重新酸化罐（T-224）中取出的原料浆液从51℃加热到65℃的糖化温度。

糖化反应在5个950 000gal的糖化罐中进行（见PFD-P110-A302），其总停留时间估计为36h左右。由于纤维素酶尚处于开发阶段，尚不知糖化和发酵所需的真正时间(糖化和发酵其实是同时发生的)，但需要使水解转化率达到90%以上。糖化罐需要离心泵（P-310）和换热器（H-310）的循环冷却系统。换热器使用冷却水进行冷却。对于本工艺设计，假设纤维素酶的浓度为50 PFU/mL，纤维素酶加入的比率为12 PFU/g纤维素[34]。随着纤维素酶工业的不断发展，酶的耐受温度将会提高，这会使糖化时间及酶的装载量都有所减少。表7概括了糖化条件。

表7　糖化条件

温度	65℃
开始糖化时固体含量	20%
停留时间	1.5d
糖化罐尺寸	每个3596 m^3（950 000gal）
糖化罐数量	5
糖化罐系列数	1
纤维素酶用量	12 PFU/g纤维素

表8列出了在糖化作用中所发生的化学反应方程式及其转化率，糖化后的浆液中含有7%的葡萄糖和4%的木糖，总含量为12.6%。因为不清楚发酵时纤维素的水解程度，在本设计中所有的纤维素都在糖化罐中水解。发酵液中包含约1%的乙酸和低于0.5%的糠醛及羟甲基糠醛，这些物质在高浓度时会阻碍乙醇的生成。

表8　糖化作用时的化学反应方程式及其转换率

反应方程式	反应物	转化为产物的比率
(葡聚糖)$_n \longrightarrow n$ 葡萄糖低聚物	葡聚糖	0.04
(葡聚糖)$_n + \frac{1}{2} nH_2O \longrightarrow \frac{1}{2} n$ 纤维二糖	葡聚糖	0.012
(葡聚糖)$_n + nH_2O \longrightarrow n$ 葡萄糖	葡聚糖	0.90
纤维二糖 $+ H_2O \longrightarrow 2$ 葡萄糖	纤维二糖	1.0

糖化后的原料浆液将被冷却到41℃（H-302），其中一部分会送到菌种培养区。被送至菌种培养区的糖化浆液占总量的10%左右。通过实验测定，菌种扩大培养及生产发酵过程所需的接种量均为10%[35]。菌种的扩大培养是通过批处理模式进行操作的（见PFD-P110-A301）。每一级菌种的培养时间为24h[36]。Delta-T公司假定菌种在种子发酵罐中的培养时间为12h，由此选育出两批菌种轮换接种。根据这些条件，菌种A将在180h之内完成其第五级发酵，而菌种B将在12h后完成其最后一级发酵。24h后，菌

种 A 的发酵再次完成，并开始了新一轮的发酵。根据生产流程中设计的每天发酵水解液 8700m^3（2 300 000gal）的要求，每天需要培育的菌种体积约为 870m^3（230 000gal），或者每 12h 培育菌种 435m^3（115 000gal）。每批菌种必须达到 655m^3（173 000gal）以满足接下来 12h 的需要。如果使用三批菌种，最大的发酵体积将仅为 435m^3（115 000gal），但使用三批菌种将增加菌种的培育成本。假设发酵罐的有效体积为 90%，种子发酵罐的最大尺寸为 727m^3（192 000gal）。按照 10 倍的体积放大，所需的另外四级种子发酵罐的体积分别为 72.7m^3、7.6m^3、0.8m^3 和 0.08m^3（19 200gal、2000gal、200gal 和 20gal）。表 9 总结了种子菌种设计的详细特征。

表 9　种子菌种的详细特征

接种量	发酵液总体积的 10%
批培养时间	24h
发酵罐运转周期	12h
菌种批数	2
发酵级数	5
最大发酵体积（F-305）	727m^3（173 000gal）
玉米浆含量	0.5%
磷酸氢二铵含量	0.67g/L 发酵液

两个最大的种子发酵罐（F-304 和 F-305）分别安装了内部冷却旋管和搅拌器，而小发酵罐均为封装单元（内部装有搅拌器及外夹套）。井水的温度为 13℃，用它作为冷却水以使发酵罐的温度维持在 41℃。接着，冷却水将被用作工艺过程的补给用水。旋管的尺寸是根据克恩相关性[37]，按照一个发酵罐旋管的尺寸计算所得。而搅拌器尺寸的确定，则参考了 Delta-T 公司相类似系统的经验。对于最大的发酵罐 F-305，其搅拌器的额定功率为 20 W/m^3（0.1hp①/1000gal）；而对于 F-304，其搅拌器的额定功率为 60 W/m^3（0.3hp/1000gal）。其他三种较小的种子发酵罐（F-301-3）均为夹套搅拌桨式发酵罐。使用 ICARUS 软件计算出三种发酵罐的搅拌器的功率如下：F-301 为 0.75kW（1hp）；F-302 为 3.7kW（5hp）；F-303 为 18.6kW（25hp）。

表 10 给出了种子发酵罐中进行的化学反应方程式及其转化率，用以描述微生物生长和糖代谢的情况。没有尝试验证总质量守恒，因为种子发酵罐中的条件非常适合细胞的生长[38]。

我们使用两台大容量转移泵（P-302）以便及时地（大约 2.5h）将菌种转移到菌种罐（T-301）中。使用两台泵的原因是由于所用转移泵为 Waukesha 泵公司所能提供的最大旋转凸轮泵（rotary lobe pump），一台泵无法满足需求。使用旋转凸轮泵的目的是防止微生物被泵的剪切力所破坏。

---

① 英制马力，1hp=745.700W

表 10　菌种进行的化学反应方程式与转化率

反应方程式	反应物	转化为产物的比率
葡萄糖 ⟶ 2 乙醇 + 2CO_2	葡萄糖	0.90
葡萄糖 + CSL + 0.018DAP ⟶ 6 *Z. mobilis* + 2.4H_2O + 0.3O_2	葡萄糖	0.04
葡萄糖 + 2H_2O ⟶ 2 甘油 + O_2	葡萄糖	0.004
葡萄糖 + 2CO_2 ⟶ 2 琥珀酸 + O_2	葡萄糖	0.006
葡萄糖 ⟶ 3 乙酸	葡萄糖	0.015
葡萄糖 ⟶ 2 乳酸	葡萄糖	0.002
3 木糖 ⟶ 5 乙醇 + 5CO_2	木糖	0.80
3 木糖 + 0.835 CSL + 0.015DAP ⟶ 5 *Z. mobilis* + 2H_2O + 0.25O_2	木糖	0.04
3 木糖 + 5H_2O ⟶ 5 甘油 + 2.5O_2	木糖	0.003
木糖 + H_2O ⟶ 木糖醇 + 9.5 O_2	木糖	0.046
3 木糖 + 5 CO_2 ⟶ 5 琥珀酸 + 2.5O_2	木糖	0.009
2 木糖 ⟶ 5 乙酸	木糖	0.014
3 木糖 ⟶ 5 乳酸	木糖	0.002

注：玉米浆（CSL）和磷酸氢二铵（DAP）是 *Z. mobilis* 生长必需的两种氮源。这些营养物质的利用率与实验室发酵过程的利用率相同，然而反应方程式模型中的计量系数并没有通过实验证实。

菌种储存罐（T-301）比第五级菌种发酵罐（F-305）要大 20%。随后旋转凸轮泵（P-301）将被用于将菌种不断地泵入产物发酵罐中。

共发酵在 950 000gal 的发酵罐中进行（见 PFD-P110-A302）。预测的发酵总停留时间为 36h。不难想象，糖化反应在发酵罐中会继续进行。由于温度较低，其速率会比较慢，但随着葡萄糖的消耗，其速率可能会加快。但在模型中并未考虑糖化反应和联合发酵同时进行的情况。这样的停留时间共需要 5 个并联的发酵罐。表 11 总结了发酵罐中的条件。

表 11　同步糖化发酵的条件

发酵菌种	运动发酵单胞菌（*Zymomonas mobilis*）
发酵温度	41℃
开始发酵时固体含量	总含量的 20%
停留时间	1.5d
发酵罐尺寸	3596 m^3 (950 000gal)
发酵罐数量	5
连续发酵罐批数	1
接种量	10%
玉米浆含量	0.25%
磷酸氢二铵含量	0.33g/L 发酵液

菌种的接种量为发酵液体积的 1/10，接种的同时要在发酵罐中加入占发酵液体积 0.25%的玉米浆[39]以及 0.33g/L 发酵液的磷酸氢二铵，以作为菌种的营养物质[40]。表 12 列出了发酵过程中所发生的化学反应及其转化率。我们假设其他的半纤维素糖类（阿拉

伯糖、甘露聚糖、半乳聚糖）在发酵过程中，与木糖具有相同的化学反应方程式及转化率。

表 12　共发酵过程的化学反应方程式及转化率

反应方程式	反应物	转化为产物的比率
葡萄糖 $\longrightarrow$ 2 乙醇 + $2CO_2$	葡萄糖	0.95
葡萄糖 + CSL + 0.018DAP $\longrightarrow$ 6 *Z. mobilis* + $2.4H_2O$ + $0.3O_2$	葡萄糖	0.02
葡萄糖 + $2H_2O$ $\longrightarrow$ 2 甘油 + O_2	葡萄糖	0.004
葡萄糖 + $2CO_2$ $\longrightarrow$ 2 琥珀酸 + O_2	葡萄糖	0.006
葡萄糖 $\longrightarrow$ 3 乙酸	葡萄糖	0.015
葡萄糖 $\longrightarrow$ 2 乳酸	葡萄糖	0.002
3 木糖 $\longrightarrow$ 5 乙醇 + $5CO_2$	木糖	0.85
3 木糖 + 0.835 CSL + 0.015DAP $\longrightarrow$ 5 *Z. mobilis* + 2 H_2O + $0.25O_2$	木糖	0.019
3 木糖 + 5 H_2O $\longrightarrow$ 5 甘油 + $2.5O_2$	木糖	0.003
木糖 + H_2O $\longrightarrow$ 木糖醇 + $0.5O_2$	木糖	0.046
3 木糖 + $5CO_2$ $\longrightarrow$ 5 琥珀酸 + $2.5O_2$	木糖	0.009
2 木糖 $\longrightarrow$ 5 乙酸	木糖	0.014
3 木糖 $\longrightarrow$ 5 乳酸	木糖	0.002

注：玉米浆（CSL）和磷酸氢二铵（DAP）是 *Z. mobilis* 生长必需的两种氮源。这些营养物质的利用率与实验室发酵过程的利用率相同，然而反应方程式模型中的计量系数并没有通过实验证实。

在发酵过程中，糖类除了会转化为乙醇外，还可能由于杂菌的存在转化为其他物质。由于杂菌污染而造成糖的损失量约为发酵总量的 3%[41]。模型中把糖经过发酵转化为乳酸的情况看作发酵的支路（发酵旁路）。这使得该模型可以简单指定由于杂菌污染所损失的比例，而发酵罐中所发生的化学反应并不需要进行调整。表 13 所示为由于杂菌污染所发生的反应。

表 13　同步糖化发酵过程中由于杂菌污染所发生的反应[41]

反应方程式	反应物	转化为产物的比率
葡萄糖 $\longrightarrow$ 2 乳酸	葡萄糖	1.0
3 木糖 $\longrightarrow$ 5 乳酸	木糖	1.0
3 阿拉伯糖 $\longrightarrow$ 5 乳酸	阿拉伯糖	1.0
半乳糖 $\longrightarrow$ 2 乳酸	半乳糖	1.0
甘露糖 $\longrightarrow$ 2 乳酸	甘露糖	1.0

发酵罐使用由离心泵 P-300 和换热器 H-300 组成的循环冷却系统。换热器通常使用 13℃的井水对其冷却。当井水不足以使发酵罐完全冷却时，将补充冷却水以满足要求。当一批发酵完成以后，使用一个发酵池（T-306）来盛放发酵液，并将发酵罐洗刷干净。该发酵罐在 T-306 停留 4h（由 Vogelbusch 推荐[42]），使得在发酵和蒸馏之间具有一定的过负荷承载能力。发酵罐中有效的乙醇浓度为 5.7%，其中有一小部分的乙醇被

CO_2气流带走。

2.3.3 成本估算

糖化及共发酵部分的所有设备一般都是用304SS材料制造的，因为这种材料是可用于发酵的最经济材料。

在本部分，所有离心泵的成本都用ICARUS成本估计软件进行估算[23]。旋转凸轮泵（P-301和P-302）的成本则来自Waukesha泵公司的口头报价。

较大的发酵罐（A-300和A-310）和其他大型设备（A-301和A-305）使用的大型搅拌器，成本为Delta-T公司在做其他项目时从供应商（Lightnin公司）那里获得的报价。这些搅拌器全部侧面安装在设备上，这样可以最大限度地减少从顶部安装所需要的额外钢支撑结构。根据Garrett计算式[6]，我们利用这些报价按照一定的放大指数来计算相对应尺寸设备的价格。较小的搅拌器（A-304和A-306）则使用ICARUS软件来估算其价格。

从Chattanooga Boiler and Tank Co. 公司获得了大罐［糖化罐、发酵罐、种子罐（T-310、F-300、F-305和T-301)］的报价。较小的种子罐（F-301、F-302和F-303）以及对应的搅拌桨及夹套使用ICARUS软件估价。其他的中型罐（F-304和T-306）被当作单独的罐来处理，同样使用ICARUS软件估价。

这一部分中使用的几个板框式换热器（H-300、H-301和H-302）由Delta-T公司根据以前的工作进行估价。对于H-300的换热器，通过ICARUS软件计算得到的成本与Delta-T公司提供的一样。种子发酵罐的螺旋冷却器（H-304和H-305）的价格由ICARUS软件计算得到。

2.3.4 完成案例设计

表14总结了糖化过程中实验和案例设计的条件。迄今为止，糖化和同步糖化共发酵的酶活力测定研究，因为尚不清楚酶的优化条件，还停留在实验室水平。

表14 糖化的实验条件

项目	实验[43]	案例设计
模式	同步糖化和发酵进行（SSF）	糖化
温度	32℃	65℃
开始糖化时固体含量	6%纤维素	22%总固体含量
停留时间	7d	1.5d
发酵罐尺寸	摇瓶	$3596m^3$（950 000gal）
发酵罐数量	—	5
连续发酵批数	—	1
纤维素酶装载量	15 PFU/g纤维素	12 PFU/g纤维素

表15所示为采用NREL的同步糖化和发酵的实验方案中的玉米秸秆化学反应及糖化实验转化率的情况。在本案例设计中同样使用了这些转化关系。在同步糖化和发酵的

模式下，当酶装载量达到15 PFU/g纤维素时，纤维素转化为葡萄糖可以实现90%的转化率。如果使用改进的酶，在装载量较低的情况下也能达到上述转化率。也可以通过提高温度将糖化与发酵分开，以提高酶的活力。

表15　实验状态下糖化过程的化学反应方程式及其转换率

反应方程式	反应物	转化为产物的比率	
		实验[43]	案例设计
(葡聚糖)$_n$ $\longrightarrow$ n 葡萄糖低聚物	葡聚糖	0.04	0.04
(葡聚糖)$_n$ + $\frac{1}{2}$ nH_2O $\longrightarrow$ $\frac{1}{2}$ n 纤维二糖	葡聚糖	0.012	0.012
(葡聚糖)$_n$ + nH_2O $\longrightarrow$ n 葡萄糖	葡聚糖	0.90	0.90
纤维二糖 + H_2O $\longrightarrow$ 2 葡萄糖	纤维二糖	1.0	1.0

NREL中试所使用的菌种与在设计中所采用的菌种相似。该菌种已经成功进行了几批发酵，每批发酵要持续几个星期。

表16总结了同步糖化发酵过程中实验和案例设计的条件。确定实验条件所使用的原料为北美黄杨木（yellow popar）。使用这样的实验原料来确定发酵条件是因为迄今为止还没有使用预处理的玉米秸秆进行符合质量守恒的发酵实验。

表16　共发酵的实验条件

项目	实验[44]	案例设计
模式	同步糖化与共发酵（SSCF）	共发酵
发酵菌种	*Zymomonas mobilis* 39676-pZB4L	*Zymomonas mobilis* strain
温度	32 ℃	41 ℃
开始糖化时固体含量	12.6%	20%
停留时间	7d	1.5d
发酵罐尺寸	约800mL工作体积的发酵罐	3596m^3（950 000gal）
发酵罐数量	—	5
连续发酵批数	—	1
接种量	0.5OD时10%接种量	10%
玉米浆含量	0.25%（清液）	0.25%
磷酸氢二铵含量	0.33g/L发酵液	0.33g/L发酵液

表17所示为使用黄杨木进行实验所测定的葡萄糖和木糖的发酵转化率以及案例设计的转化关系[44]，由于 *Z. mobilis* 的代谢作用，糖转化为其他物质的情况也同样列出。

实验室中使用黄杨木作为 *Z. mobilis* 的培养基，发现葡萄糖和木糖发酵生产乙醇的转化率比较高。但是在发酵条件控制不足的情况下，工程菌将木糖转化为乙醇不容易达到高的转化率，因此案例设计模型中的转化率稍低于实验值。筛选能够在发酵过程中将木糖和其他半纤维素糖类（阿拉伯糖、甘露聚糖、半乳聚糖）以较高收率转化为乙醇的微生物是一项至关重要的工作。筛选能够耐受水解液中的化合物尤其是乙酸的菌种，同样是非常关键的。

表 17　实验状态下共发酵的化学反应方程式及转化率

反应方程式	反应物	转化为产物的比率	
		实验[44]	案例设计
葡萄糖 ⟶ 2 乙醇 + $2CO_2$	葡萄糖	0.95	0.95
葡萄糖 + CSL + 0.018DAP ⟶ 6 *Z. mobilis* + 2.4 H_2O + 0.3 O_2	葡萄糖	0.02	0.02
葡萄糖 + 2 H_2O ⟶ 2 甘油 + O_2	葡萄糖	0.004	0.004
葡萄糖 + 2 CO_2 ⟶ 2 琥珀酸 + O_2	葡萄糖	未测出	0.006
葡萄糖 ⟶ 3 乙酸	葡萄糖	0.015	0.015
葡萄糖 ⟶ 2 乳酸	葡萄糖	0.002	0.002
3 木糖 ⟶ 5 乙醇 + 5 CO_2	木糖	0.902	0.85
3 木糖 + 0.835 CSL 浆 + 0.015DAP ⟶ 5 *Z. mobilis* + 2 H_2O + 0.25 O_2	木糖	0.019	0.019
3 木糖 + 5 H_2O ⟶ 5 甘油 + 2.5 O_2	木糖	0.003	0.003
木糖 + H_2O ⟶ 木糖醇 + 0.5 O_2	木糖	0.046	0.046
3 木糖 + 5 CO_2 ⟶ 5 琥珀酸 + 2.5 O_2	木糖	未测出	0.009
2 木糖 ⟶ 5 乙酸	木糖	0.014	0.014
3 木糖 ⟶ 5 乳酸	木糖	0.002	0.002

注：玉米浆（CSL）和磷酸氢二铵（DAP）是 *Z. mobilis* 生长必需的两种氮源。这些营养物质的利用率与实验室发酵过程的利用率相同，然而反应方程式模型中的计量系数并没有通过实验证实。

2.4　纤维素酶

在 1999 年的实地设计（hardwood design）[1] 中用于酶生产的 A400 工段已经拆除，取而代之的是采用购买方式获得纤维素酶，价格大约是每生产 1gal 乙醇用酶 0.10 美元。未来将通过与酶生产厂商的专利权转让来获取就地生产纤维素酶的许可。酶的成本从木质纤维素转化实验和酶生产厂商的数据进行计算，约为每生产 1gal 乙醇 0.17 美元。如果由木糖生产乙醇的产率得到改进，酶的总成本将降低，但从一定量纤维素到乙醇的成本仍是不变的；如果由纤维素生产乙醇的产率得到改进，两者都会变化。

2.5　产品、固体和水的回收工段（精馏、脱水、蒸发和固-液分离）——A500 单元（PFD-P110-A501-5）

2.5.1　概述

通过精馏和分子筛吸附的方法从发酵液中回收乙醇，其回收率可达 99.5%。精馏在两个塔内完成，其中第一个塔为粗馏塔，用于脱除溶解的 CO_2 和大部分的水；第二个塔将乙醇浓缩至接近共沸组成（图 12）。

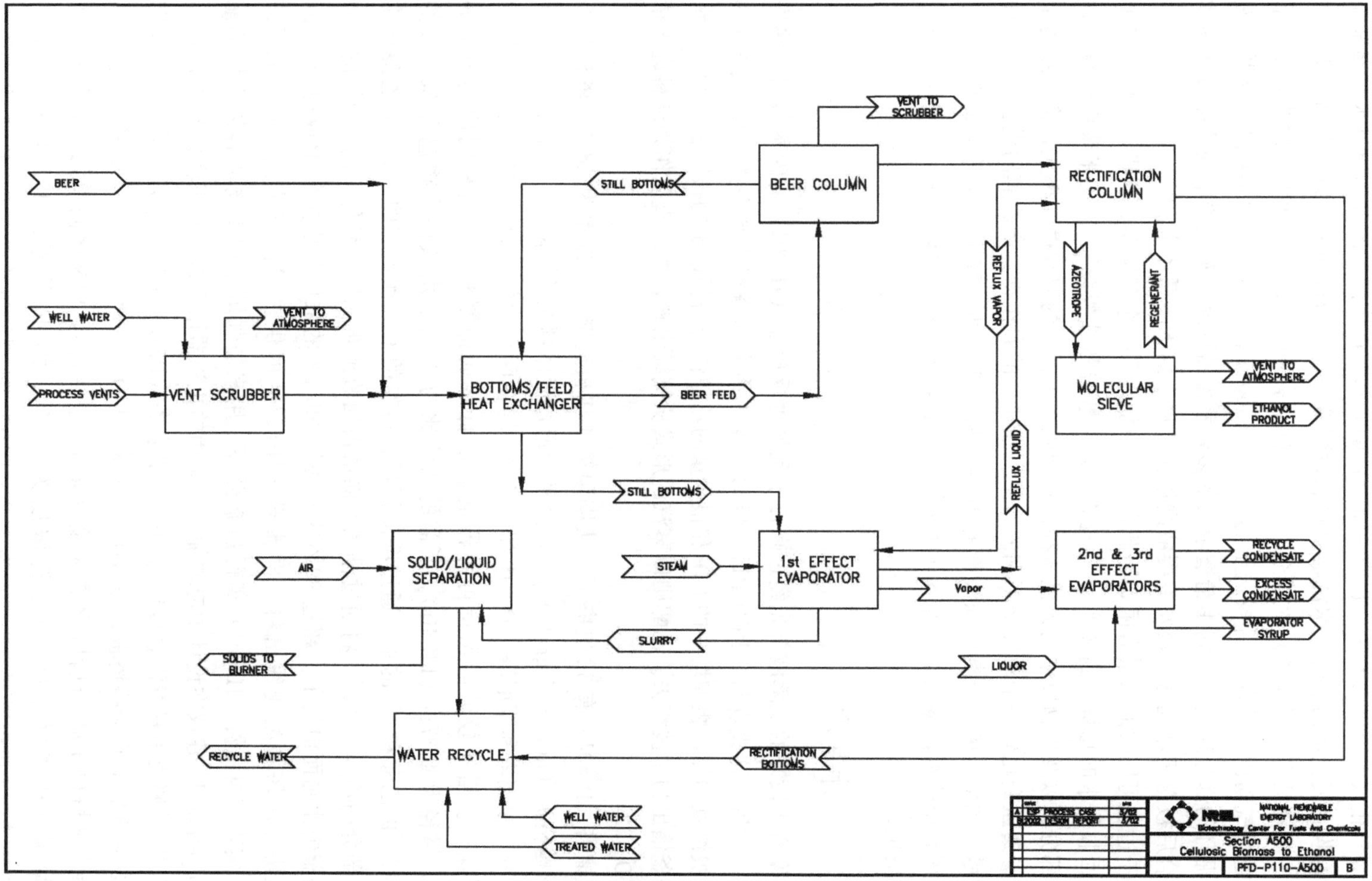

图 12　精馏系统流程图(PFD-P110-A500)

接近共沸组成的混合物中的所有水分通过气相分子筛的吸附作用移除。吸附塔再生所产生的乙醇-水混合物则送至精馏塔进行循环回收。

发酵气相（大部分为CO_2，也有一部分乙醇）和粗馏塔产生的气体通过水洗器洗涤后，可回收将近全部的乙醇。水洗器出料和发酵液一起作为进料进入第一个精馏塔。

第一个精馏塔（粗馏塔）的塔釜沉积物包括所有未转化的不溶和可溶性的固体。不溶固体通过气动压滤器脱水后被送至燃烧室（A800 工段）。压滤器的液相部分循环使用，未循环的部分通过一个利用精馏余热的多效蒸发器浓缩。蒸发器中的浓缩液和固体一起混合后被送至燃烧室，蒸发冷凝液则用作过程中的干净循环水。

由于过程可回收的水量有限，因此在过程中加入了一个蒸发器。这样，从压滤机中可直接回收的水的总量达到 25%。有机盐（如乙酸铵和乳酸铵等）、玉米浆中未被生物利用的部分，以及生物质中的无机盐都留在回收水中。水的回收循环率大，将导致离子浓度和渗透压变化到一个对发酵不利的水平。在典型的农作物生产乙醇的设备中，这种回收被尽量减少至离心分离机滤液量的 10%，从而使这种有害影响降低至最小化。对于未循环利用的水，蒸发器将可溶固体浓缩至浆状，然后被送至燃烧室，以最小化废水处理的负担。

2.5.2 设计基准

从发酵工段来的发酵液首先经过来自于预处理反应器（H-201）的闪蒸蒸汽余热进行预热。然后，这股进料（PFD-P110-A501）与粗馏塔的塔釜出料在 H-512 中进行热交换而被继续加热。粗馏塔中的CO_2和很少量的乙醇作为塔顶馏出物被除去；90%的水则在塔釜馏出物中被移去。乙醇则以蒸汽的形式从侧线出料，然后直接作为进料进入精馏塔（D-502）。

粗馏塔（D-501）有 32 块塔板，从塔顶第 4 块板进料，板效率为 48%。塔板是条状 V 形栅格板（nutter V-grid trays)，这种板通过固体颗粒的性能好，并且有相对较好的板效率。粗馏塔和精馏塔（D-501 和 D-502）均在两个大气压以下（30psia）的塔顶压力下操作。塔压较低能保持再沸器的温度低从而抑制积垢。塔板间距为 0.61m (24in)，塔径为 4.37m（14.3ft）。所需的回流比为 3∶1。塔顶馏出物包含 83.7%的CO_2、12%的乙醇和 4%的水。通过洗涤器后，所有的CO_2和仅有的 0.2%的乙醇被排出，大部分的乙醇（99%）将通过排气洗涤塔被回收或再循环。另外，约 0.7%的乙醇留在塔釜馏出物而损失了。超过 99%的乙醇以 39.4%的浓度与水蒸气形成混合气相，从第八块实际塔板处侧线出料。再沸器（H-501）的供热用低压蒸汽（4.4atm [65 psia]）实现。再沸器（H-501）实行强制循环，用来加强塔釜馏出物的容纳固体的能力。Vogelbusch[42]建议在设计中应增加一个备用的再沸器用于这种高积垢设备的清洗。

D-501 的侧线出料蒸汽直接作为 D-502 精馏塔（PFD-P100-A502）的进料。该精馏塔需 60 块条状 V 形栅格塔板，板效率为 57%，比 D-501 稍高。从 D-501 来的蒸汽在第 44 块板（从塔顶开始）进料，乙醇浓度（w/w）为 40%，而从吸附单元来的循环气在第 19 块板（从塔顶开始，其乙醇浓度为 72%）。第 44 块板以上的塔径为 3.5m (11.5ft)，第 44 块板以下的塔直径为 1.2m（4ft），所需回流比为 3.2∶1。在此条件下塔顶乙醇的浓度为 92.5%（w/w），塔釜乙醇的质量分数为 0.05%（w/w）。只有来自发酵单元的 0.1%的乙醇损失在塔釜。吸附塔进料含有 7.5%的水，只占进入精馏系统总的水量的 0.7%。到精馏单元的回流液与蒸发器（E-501）进行热交换作用。辅助冷凝器（H-505）仅在开车时使用。从热虹吸式再沸器（H-502）产生的低压蒸汽（4.4atm [65 psia]）向塔供热。

如 2.5.1 节所述，所有含乙醇的气体均被收集起来送到一个水洗器中（T-512）。该水洗器是一个填料塔，三角塑料填料（Jaeger Tri-Pack plastic packing）装填。当具有 4 块理论级和 7.6m（25ft）的填充高度时可回收 99.5%的乙醇。使用的作为冷凝水的井水流率为 0.60 m^3/min（158gal/min）。最后所得到是含乙醇 1.3%的流出液，然后被送至发酵池作为 D-501 的进料。设计基准是排出气中乙醇的吸收率大于 98%。考虑到大气污染和新资源生产定额标准（New Source Performance Standards criteria），每年排放的 VOC 不得超过 36.3t。

D-502 的塔顶蒸汽作为 Delta-T 分子筛吸附装置（M-503）的进料。这套装置的设计细节所有权归 Delta-T 所有（PFD-P110-A503）。来自精馏单元的饱和蒸汽首先转变成过热蒸汽，然后进入两个吸附塔之一。在吸附塔内除去 95%的水和少部分的乙醇。剩下的 99.5%的纯乙醇蒸气则和冷凝液进行热交换而被冷却，最终冷凝成液体进入储存单元。当一个吸附塔进行吸水操作时，另外一个则进行再生。再生时，一小股纯乙醇蒸气回流至吸附饱和水的床层，在真空状态下带走其中的水分，实现了吸附剂再生。吸附剂中的水被分离出来，然后冷凝并回流至精馏塔（D-502）内。

最后，粗馏塔（D-501）的塔釜物料被送至第一级蒸发器（E-501，PFD-P110-A504）。E-501 被回流至精馏塔（D-502）的回流蒸汽和超低压蒸汽（1.7atm [25 psia]）的热量进行加热。这种双效加热在一个对开管板式蒸发器中进行，以防止蒸汽和回流液的混合。在第一级蒸发器，大约有 24%的水被蒸发（总蒸发量的 35%）。此外，D-501 塔釜液浆也从 117℃冷却至更适合固-液分离器的 87℃。液浆被送至压滤机（S-505，PFD-P110-A505），滤出液则回到第二级蒸发器中（E-502）。在压滤机的操作中没有洗涤操作，否则其操作情况将如 2.2.2 节所述。在第二级蒸发器中，44%（33%的蒸发总量）的进水被蒸发。第三级蒸发器用来蒸发掉 76%的剩余的水分（32%的蒸发水总量）。最终蒸汽在 H-517 内被冷凝。在蒸发/分离系统的总进料中，液浆中的水占 10.5%，压滤机中的湿滤饼所含的水占 11.5%，17%的水作为再循环水回流到过程中，61%的水被蒸发。最终的液浆（蒸发器塔底沉积物）中含水 60%。Delta-T 估算出 60%的水分是使蒸发器不快速积垢的最大溶解固体含量。因此设置超低压蒸汽流入蒸发器中，也是为了达到此含水量。浆状物和压滤机中的固体一起被送至燃烧室进行处理。压滤机中的空气则被送至燃烧室当做助燃气。第三级蒸发器的压力为 0.21atm（3 psia）或 64℃，是冷却水冷凝蒸汽所需的压力。系统使用高效能的循环泵，来使固体黏附和电解分离热表面造成的传热表面积垢的影响最小化。调节第一级和第二级蒸发器的压力，可使所有 5 个蒸发器（第一级和第三级各两个，第二级一个）尺寸相同。

在位清洗系统提供了用热的强碱溶液和再循环溶液冲洗釜（发酵液塔釜）馏物的设备，直至传热表面被清洗干净。也需要不时使用人工酸洗清除矿物质。清洗的频率取决于操作条件。本报告也对精馏单元相关的物性模型和参数进行了估算和模型选定。

2.5.3 成本估算

精馏单元的设备结构材料一般为 304SS。Aersten 和 Street 模型[45]被用来估算热虹吸式再沸器的尺寸。泵、回流罐和热虹吸式再沸器（H-502）的价格按 ICARUS[23]估算。Delta-T 根据其他工程的信息和经验估价剩余的设备。第一级蒸发器（E-501）的价格，由于双蒸汽进料的复杂性而增加 25%。分子筛整套设备的价格由制造商 Delta-T 提供。Pneumapress Filter 公司通过 Harris 提供压滤机的报价。

2.6 废水处理工段（WWT）——A600 单元（PFD-P110-A601-2）

2.6.1 概述

废水处理工段使工艺用水再生，以减少工厂补充水的需求量。图 13 为废水处理设计流程简图。由图可知，工厂废水（包括冷凝预处理的闪蒸汽、压滤机出口的水解产物的冷凝液、锅炉排污、冷却塔排污、CIP 废液和蒸发器中未再循环的冷凝液）首先汇集于料箱漏斗，然后送至填料场筛选除去大颗粒物质。接下来通过厌氧消化和需氧消化，消耗掉物料中的有机物。厌氧消化过程中产生富含甲烷的沼气，因此可以作为燃烧室的燃料。需氧消化产生可提供过程再利用的纯净水和主要组分是细胞体的淤泥。该淤泥也可在燃烧室内燃烧掉。

1998 年废水处理工段全部由 Merrick Engineering 公司[2]负责。Merrick 研究了所有的废水处理过程，选择设计方案，并对这部分作成本估算。在他们处理过程的物流时，Merrick 制作了一张包括所有进入废水处理系统的物流图，并利用这张图作为引导，来选择每个物流的最佳处理方法。Merrick 推荐一种综合蒸发和水循环方案，并由 NREL 和 Delta-T 公司设计制造成工艺设备（见 A500）。该改进方案极大地削弱了废水处理的负荷。在复审了流速和废水中仍然存在的废物污染度后，Merrick 针对所有废水处理，推荐采用筛选/厌氧消化/需氧消化的流程。这套废水处理流程在当前日产量为 100 万～500 万 gal（400 万～1900 万 L）的乙醇工业生产设备中是达标的，并且可以从供应商那里得到现货供应设备。

2.6.2 设计基准

Merrick 考虑了若干种不同的方法，最终决定将筛选放到厌氧消化和需氧消化之后，这是对所有待处理的流体来说最好的方法[2]。冷凝预处理的闪蒸汽、压滤机出口的水解产物的冷凝液、锅炉排污、冷却塔排污、CIP 废液和蒸发器中未再循环的冷凝液混合在一起（流体 612），流经一个分离筛（S-600）后进入均衡化池（T-602）中。由于 ASPEN Plus 是一个稳态建模程序，不能模拟非稳态（包括不均匀的悬浮物），因而不能为本设计的废水处理建模。在设计中假定雨水和雪水等地表径流、设备的洗涤用水以及其他的非工艺过程废水流入到城市污水处理系统中。其他的间歇载荷（如来自过程的溢出液）也不被考虑到设计方案中。流入到废水处理工段的流体和载荷也处于不稳态，

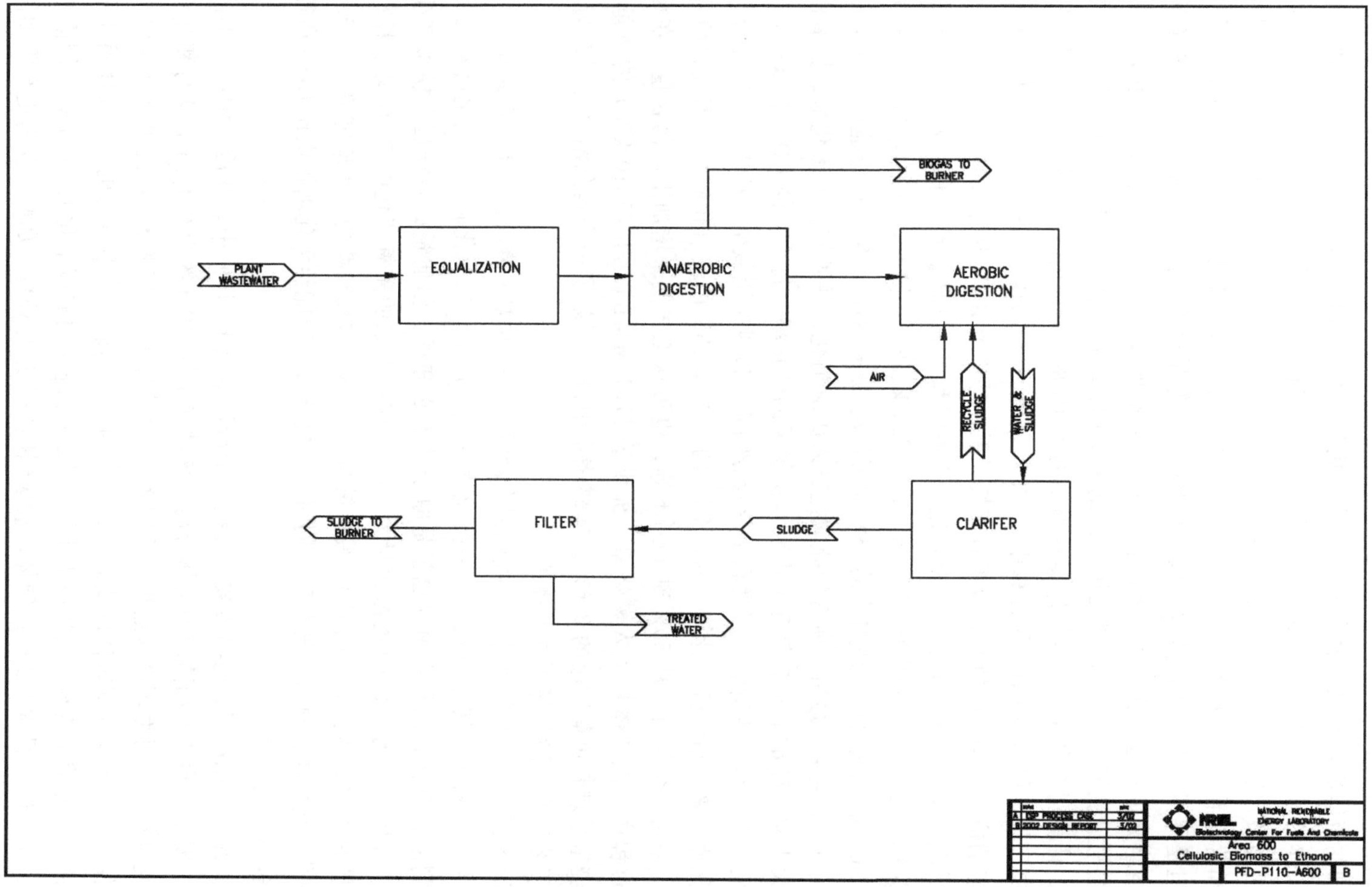

图 13　废水处理过程流程图(PFD-P110-A600)

因此，均衡化池的设计中定态流体的停留时间应该超过 7h，以容许下游流体的回流。池中大部分废水都是冷凝液，因而温度过高而不适于生物处理，所以需流经一个热交换器（H-602）冷却到 35℃。

冷却的流体流入到厌氧消化器中。总的化学需氧量（COD）应适合于进入到厌氧消化的流体的量，在 1600 kg/h（相当于 16g/L）左右。COD 的定义为：流体中所有可溶的有机物转化成二氧化碳、一氧化氮和水所需的氧气的量，它用来决定消化作用的停留时间和营养需求量。尽管一些不溶的组分，如纤维素和木聚糖在厌氧消化时也可能被转化，但是并不将它们计入模型，从而使得估算的结果可能偏保守。由于反应的不确定性，不溶组分也不包括在 COD 计算中。Merrick 指出铵离子不包括在厌氧消化内（尽管它们参与需氧消化），并建议在第一次的 COD 计算中，也不要计算铵离子的量。尽管如此，计算得到的 COD 误差是实验测得的 COD 的 5%以内，并且铵离子偏低。因此，铵离子仍然保留在 COD 的计算中[46]。生物需氧量（BOD）是一个更好的预测厌氧消化效能的值，但是它的值与组成没有直接联系。理论上 BOD 取为 COD 的 70%。

在厌氧消化中，90%的有机组分转化成为甲烷和二氧化碳。产自有机物的甲烷的最大产率为每消耗 1kgCOD 产 350 L（25℃时 0.229 kg/kg）。同时，每生成 3mol 的甲烷将产生 1mol 的二氧化碳。细胞体的产率为每消耗 1kg COD 产生 30g 细胞体，并引起 93%的 COD 消耗量。最后，所有的硫酸盐进入厌氧消化，并被转化成硫化氢。厌氧消化池的大小应能满足 12g/L 每升消化池体积每天的转化率。每千克的 COD 需添加 37g 营养物质（主要是一些磷酸、尿素和微量营养物质）以供给厌氧生物所需的其他养分。

消化池出来的沼气折干计算，约含 75%的甲烷和 25%的二氧化碳。根据进料组成的不同，甲烷的含量可以从 50%到 90%不等，也可从工艺上来增加甲烷的含量。在标准操作过程中，该气体将流入燃烧室，提供约 17.1 MMBTU/h（5010 kW）的热量，约占燃烧室总燃料负荷供应的 2.6%。在燃烧室中设计安装了一个紧急沼气点燃装置，用于在工艺发生故障时将沼气燃烧掉。

从厌氧消化池出来的液体，被抽到带有漂浮充气器的需氧菌塘。在需氧菌塘中，剩余的 90%的有机物将转化掉 60%，并按化学计量生成水、二氧化碳、一氧化氮和二氧化硫。剩余的 30%按质量守恒（也就是原子数不必守恒，但质量必须守恒）模拟产生细胞体。在厌氧消化中 COD 的减少量为 93%，在接下来的需氧消化中 COD 又消耗掉了剩余量的 90%，因此，总的 COD 减少量为 99.4%。需氧菌塘的大小应能满足 0.55g COD 每升氧化塘体积每天的转化率。同时，充气器大小应能给氧化塘提供比 COD 所需氧气量多 50%的氧气。

所有经过消化作用后的物质被输送到一个澄清池（T-610）中。在澄清池中，不溶物质（主要是细胞体）和洁净的液体分离。该洁净水的 COD 约为 0.1g/L，并将和补充工艺水混合在一起再循环进入过程（冷却塔、CIP 等）中。大部分的污泥再循环至澄清池，来保持需氧菌塘的细胞体的高载荷。剩余的部分则通过带型压滤机，过滤掉固体中大部分的水。为辅助脱水，在压滤机中按 1.7g/kg 进入到需氧消化的 COD 的比例添加聚合物。压滤后的固体主要是细胞体，被送到燃烧室进行处理。那些可获得更高附加值的处理方式（如作肥料出售），将作为首选的处理方式。压滤机中的滤液将再循环至需氧菌塘进行再处理。

由于来自 A500 工段蒸发器中的浆状物含 60%的水，因此把它们直接送至燃烧室处理并不是最经济的方案。作为备选方案，可以考虑将蒸发器中的浆状物送至废水处理工段。这无疑将增加废水处理单元的输水和有机负荷量，但是也同时降低了燃烧室的负荷量（因而也就降低了成本）。另一种方案是将精馏工段的塔釜馏出物送至废水处理工段，而移除蒸发器这一高成本的设备。这两种方案，以及将浆状物送至燃烧室处理的设计方案的比较结果如表 18 所示。

表 18　将蒸发器浆状物送至燃烧室和废水处理的对比

项目	蒸发器浆状物的目的地				
	燃烧室（设计方案）	废水处理	设计方案的变化	无蒸发器的设计方案	设计方案的变化
乙醇最低售价/（美元/gal）	1.07	1.14	+0.07	1.10	+0.03
总生产费用/（美分/gal）					
其他原料	5.5	6.9		6.9	
废物处理	2.9	2.9		2.9	
电费	−9.3	−6.0		−7.0	
固定成本	10.9	11.1		10.9	
资本折旧	14.3	14.9		14.2	
平均所得税	10.6	10.8		10.4	
平均投资利润	25.4	26.4		25.3	
生产费用/（亿美元/a）	37.9	38.85	+0.95	38.88	+0.98
固定投资事故/亿美元					
精馏和固体回收/美元	21.8	21.9		14.6	
废水处理/美元	3.3	10.6		13.5	
锅炉/涡轮式发电机/美元	38.3	35.5		36.1	
公用工程/美元	4.7	4.4		3.7	
总设备成本/美元	113.7	118.3		113.4	
总工程投资/美元	197.4	203	+5.6	193.8	−3.6
模型	I0203I	I0203I_wwt1		I0203I_wwt_2	

与预期的一样，当浆状物引入废水处理单元后，其成本增长相当明显。当蒸发器从过程中剔除后，增长量更大；尽管如此，除去它们使基建费用下降了超过 3 亿美元。不包含蒸发器的方案，其基建费用是最低的。但是由于废水处理过程需要更多的化工原料，更重要的原因是，浆状物不再进入燃烧室，使得产电量减少，因而年生产费用要高 0.98MM 美元。因此，除去蒸发器节省的成本不会超过增加的操作费用和失去的收入之和。移除蒸发器的另一影响，是使得纯净的再循环水流失。蒸发器的冷凝液（534A）中不含固体颗粒，几乎没有其他杂质（1%）。没有蒸发器时，经过处理后的废水可用作

循环水，但其中可能会有可溶物和悬浮物（可用蒸发器先除去），这些物质将反过来影响过程的转化率和设备的效率。这张对照表表明，将浆状物送往燃烧室的乙醇生产全过程的经济性更好。

2.6.3 成本估算

本工段的所有的成本估算均来自于 Merrick 的报告[2]。这个单元的主要设备有厌氧消化池、需氧池和带型压滤机。厌氧消化池是由 Chattanooga Boiler and Tank 公司提供的 SS304 型发酵容器，其报价由该公司提供。Merrick 将需氧池的报价分为场地的开凿和管线两部分：压滤机的价格由 Phoenix 生物系统公司按尺寸报价；包括泵、换热器和缓冲罐在内的剩余设备的价格按 ICARUS[23] 估算。

2.7 产品和原料化学品储存工段——A700 单元（PFD-P110-A701）

2.7.1 概述

工厂中的这一部分用来大量储存过程中使用的化工原料和产品乙醇。生物质原料的储存在 A100 工段进行。本工段主要储存化学药品进料，包括玉米浆（CSL）、硫酸、纤维素酶、丙烷（作为叉式装卸车的燃料）和汽油（作为产品乙醇的变性剂）。灭火用的水也储存在本工段。

2.7.2 设计基准

产品乙醇的储存是基于 Delta-T 公司在燃料乙醇生产设施方面的经验。储罐（T-701）容积应是 7d 的产品生产量，或是 4540m^3（120 万 gal），储存在两个 2270m^3(600 000gal)的碳钢结构罐中。

根据 Delta-T 公司的经验，选择够 5d 使用量的储罐（T-703）存放硫酸，该罐大约为 72m^3（19 000gal)。由于硫酸具有腐蚀性，因此使用不锈钢（SS316）作为该储罐的结构材料。SS316 是室温储存硫酸的工业标准材料。

消防用水的流速为 568 m^3/h (2500gal/min)（与 Delta-T 另外一个规模过程的工程相似)，由 2270m^3（600 000gal）的储罐储存，可供使用 4h，该储罐（T-704）为碳钢结构。

玉米浆（CSL）是发酵菌种生长和乙醇生产的营养成分。存储时间为 5d，用一个 273m^3（72 000gal）的储罐（T-720）储存。该储罐为不锈钢（SS304）结构。CSL 很可能使用机动轨道车供应。标准的铁路油罐车容量为 8 000～30 000gal，当运输玉米糖浆、树脂、油脂、肥料和石油等产品时，其典型的负荷在 20 000～25 000gal[47]。因此，每 5d 需 3 油罐车的 CSL。

磷酸氢二铵（DAP）呈固体或颗粒状，通过机动轨道车运输。其使用量为每天 4t，需要类似 A200 单元的处理石灰的设备。根据使用 7d 的存储量，DAP 的储料仓（T-755）大小为 40m^3（10 500gal)。从储料仓出来的 DAP 进入一个储槽（T-760)，并与

CSL 混合。然后，CSL/DAP 混合物运送到发酵采种和乙醇生产中。

液态的纤维素酶来自于就地或附近生产的酶。储存量设定为够使用 4d，储存在两个 500m^3（130 000gal）的储罐（T-750）中，并能使酶按批次隔开和识别。这些储罐也是不锈钢（SS304）结构。

作为叉式装卸车燃料的丙烷由 7.6m^3（2000gal）的卡车运输。根据厂方提供的材料[48]，一个 33lb 的盛满丙烷的油罐，可供叉式装卸车连续使用大约 8h。因此，8 辆叉式装卸车丙烷的消耗量约为 0.022$ft^3$①/min（33lb/h）。一个 13m^3（3435gal）的油箱可储存供 15d 使用的丙烷，该油箱的表压为 250lt/$in^2$②。

汽油用作乙醇的变性剂在加入后运离工厂。5%（体积分数）的汽油加入到乙醇中。与乙醇的量相对应，汽油的储存量为够使用 7d 的量，用一个 241 m^3（63 600gal）的碳钢储罐（T-710）储存。

本工段泵要求能快速装载卡车（P-701，P-710）或能充满过程中的储槽（P-703，P-720）。消防水泵的流量要求为 568 m^3/h (2500gal/min)。其他泵根据各自的工艺要求选型。

2.7.3 成本估算

该部分所有设备均根据 ICARUS[23] 估算其成本。

2.8 燃烧室、锅炉和涡轮式发电机工段——A800 单元（PFD-P110-A801-3）

2.8.1 概述

燃烧室、锅炉和涡轮式发电机系统用来燃烧各种副产物并产生水蒸气和电能。水解过程后的原料中所有的木质素、一部分的纤维素和半纤维素残留下来。大部分的废水浓缩为高浓度可溶固体的浆状物。厌氧消化消耗掉剩余的废水产生富含甲烷的沼气。需氧消化产生了少量的生物体废渣（污泥）。燃烧掉这些副产品获得水蒸气和电能，使得工厂在能源上能自给自足，且能减少固体废弃物的处理成本，并能通过出售多余的电能获取额外的收入。

Reaction Engineering Inc.（REI）[3]研究了本工段燃烧室、锅炉和涡轮式发电机组成的联合系统。REI 联系了若干个生产厂商来获得成本和操作信息，以确定一个适合于可用到的燃料和获得必要的蒸汽的系统。REI 也获得了包括脱气器、集尘室和锅炉给水泵在内的辅助设备的相关资料。

三种主要的燃料（蒸馏后的固体、沼气和蒸发后浆状物）加入到循环流化床燃烧室（CFBC）中。废水处理单元的少量生物体废渣（污泥）也被送至燃烧室。经过压滤机后的固体馏出物的含水量为 45%。进入到燃烧室的沼气和浆状物中的含水量分别为 4% 和 60%，燃烧室总进料中的含水量为 52%。一台鼓风机将空气吹入燃烧室。处理水进入到绕在燃烧室周围的换热器中，并被蒸发成流量为 184 771 kg/h（407 420 lb/h）的

---

① 立方英尺，1ft^3=2.831 685×$10^{-2}$$m^3$

② 平方英寸，1in^2=6.451 600×$10^{-4}$$m^2$

510℃（950℉）、86atm（1265 psia）的过热蒸汽。锅炉效率（转换成的蒸汽热占进料热的百分比）为68%（图16），燃烧室的烟道气在预热过助燃空气后，进入集尘室除去其中的颗粒，这些固体颗粒用垃圾掩埋法处理，气体则从烟囱排出。

多级涡轮发电机用来发电，从涡轮中出来的蒸汽有三个不同的去向，分别是：注入到预处理反应器中、到精馏单元和到蒸发单元的换热器中去。剩余的蒸汽在用冷水冷凝后，和过程中各个换热器的冷凝液一起回到锅炉给水系统中。处理过的井水用作补充水，取代蒸汽直接注入系统。

补充水和冷凝液均经过软化、除气和用蒸汽预热至177℃的处理，并加入化学试剂用来控制pH、除水垢和除氧。锅炉排污占蒸汽产量的3%。2.10.3节讨论了该蒸汽循环的能量衡算。

2.8.2 设计基准

燃烧室/锅炉/涡轮式发电机系统的设计与早期Radian公司[49]的设计相比有细微的改变。早期的设计中包含一个旋转式干燥器，使用热烟道气来降低固体中的水分。但是，由于设计中的压滤机在干燥固体馏出物时，比以前使用的离心机效率更高，因而旋转式干燥器不再必需，而且热烟道气可用来预热助燃的空气（H-801）来提高锅炉效率。当与高固体含量的浆状物联合在一起时，干燥固体物质能确保稳定的燃烧热板温度，并改进锅炉效率。Foster Wheeler Energy（FWE）认为进料含水量的最大值为50%，其他资料[50]中认为60%也是可以的。不同报道的值之所以不同，主要是由于各种各样的燃烧室组合设计，以及使用了不同的进料的缘故。由于应用生物体、废纸浆和污水软泥取代化石燃料高度发展，使得床内干燥和分级燃烧[51]的处理高含水量进料的新方法应运而生。比较传统一点的方法，是使用干材料和湿进料混合，添加辅助燃料以维持燃烧温度。维持燃烧的最低发热量（LHV）为1111～1389 kcal/kg①（2000～2500 Btu②/lb）。燃烧室总进料的LHV为2322 kcal/kg（4179 Btu/lb）。燃烧室总进料的总能量（以高发热值为基准）为178 MMkcal/h（706 MMBtu/h）。该能量的59%来自固体物质，37%来自浆状物。

Foster Wheeler Energy（FWE）[3]证实了Radian公司[49]的循环流化床燃烧室（CFBC）（M-803）的设计方案。这种类型的燃烧室适合于各式各样的进料及其进料方式，但是这种机动性使得它比壁炉式和堆式燃烧室价格更高。由于床层材料在经过旋风分离器后又回到燃烧室中，因此，CFBC的灰分中几乎没有未燃烧的碳。值得一提的是，与煤相比，过程中的混合进料的灰烬更少，并且需要向床层中补充沙子来保持一个合适的床层高度。这些设备有两大缺点：一是循环时需要相当大的功率；二是由于颗粒速度很快，因此易磨损。FWE提供了排放损失和效率损失参数。

由于过程所需的蒸汽压不高（13 atm [191psia]），NREL的工程师们最初设计了一套低压系统。但FWE拒绝使用该系统，并认为它很不规范，因为低压操作有可能使水/蒸汽离开加热面。在更进一步的研究之后，FEW指出由于低材料成本可以弥补增加

---

① 卡，1cal=4.1868J

② 英热单位，1Btu=1.055 06×10^3J

蒸汽管道的费用，低压系统可能更划算，但是，他们并没有提供费用概算。

NREL正在研究的另一可选择的项目，是废水如何气化成蒸汽产品并发电。用一个综合的联合循环系统（燃气轮机和蒸汽轮机）气化能获得足够的蒸汽，且能比传统的只有一个蒸汽轮机的燃烧室获得更多的电能。

涡轮式发电机（M-811）是该单元中另一个主要部分，它由包含排气缸、发电器和冷凝器在内的多级涡轮组成，能生产出低压蒸汽和电能。从涡轮中出来的过程中所使用的蒸汽，28%是13 atm [268℃ (191 psia，514℉)] 的蒸汽，60%为4.4 atm [164℃ (65 psia，327℉)] 的蒸汽，3%是1.7 atm [115℃ (25 psia，239℉)] 的蒸汽。剩余的蒸汽（9%）在0.1 atm (1.5 psia) 的压力下冷凝。ABB发电设备公司（ABB）提供了该模型中所使用的设备的价格、效率和设计信息。当问及上述的低压锅炉的问题时，ABB的代表们指出选择低压并不能造就最划算的涡轮系统；高压系统的每笔基建费用能提供更多的电能。Turbodyne公司的贝德格得出了相同的结论，他指出“对于功率在8000kW以上的大型涡轮机，当进气口表压超过200～1600lb/in^{2}时，压力对基建费用基本上没有影响”。ABB公司将涡轮机效率设定为85%。该设计中，系统总共发电30.4MW。过程使用11.7MW，剩余的18.7MW输送到高压输电网以出售。

V. Putsche使用ASPEN软件模拟出燃烧室/锅炉模型得出了很好的相关效率、产量和温度[53]，从而证实了FWE和ABB设计参数的正确性。

锅炉给水（BFW）系统包括一个供补充水和冷凝水使用的硬水软化器（M-820），一个用来排出空气和不凝性气体的除气器（T-826）、缓冲罐和泵。锅炉给水泵（P-826）产生98atm (1445psia) 的压力，所需功率为709 kW (951 hp)。在除气器中加入液肼（T-830，PFD-P110-A804）用来除氧，因为氧气会使锅炉表面凹陷。加入氨来调节pH以减弱热的冷凝液的腐蚀性，最后氨将随蒸汽一起蒸发出来。还需加入磷酸盐来控制汽鼓中的结垢。这些氧气、pH和硬度控制系统是由Badger[52]按惯例[54]设计的。水净化所需试剂的量取决于所需的水质、锅炉的质量以及进水中补充水和冷凝水的比例。当前系统包含若干冗余，可是，控制系统的成本总比换一个锅炉或是其部件要低。

集尘室中清洁器的使用功率 [176kW (236hp)] 由厂商Hamon Research-Cottrell提供。用一台排烟机将燃烧室旋风分离器中的烟道气排入集尘室中。

从污染物中产生价值的理念来自于FWE。根据厂商提供的信息，集尘室的效率为98.8%。所有的排放物均低于现行的新源排放执行标准（NSPS）的限定[53]，因此处理集尘室外过程中没有其他控制排放的设施。污染物的流量与接下来讨论的产生速率和燃烧进料的高发热值有关。

二氧化硫的产生速率为0.68 kg/MWh (0.44 lb/MMBtu)。所有进入到燃烧室的硫转化成了二氧化硫，产生的二氧化硫中的1%转化成了硫酸。硫酸的存在要求烟道气的温度要高于其露点以防止腐蚀。硫来自于废水处理（硫化氢）、中和的硫酸，以及纤维素酶和生物体中蛋白质的硫，并随压滤机中的滤饼和失活的生物体进入锅炉。若要严格按标准控制二氧化硫的量，可添加石灰石，1/4粒度的石灰石的价格大约每吨6美元[3]。燃烧室进料中硫的含量，比未经处理的生物体要高，但比大多数的煤低。

一氧化碳的产生速率为0.31 kg/MWh (0.2 lb/MMBtu)[3]。由于旋风分离器中未燃烧的碳循环回到燃烧室的床层中去，因此灰分中未燃烧的碳（炭）含量很低，只有

1%。在PFD-P110-A801上804D表示烟道气中残余的未反应的组分，实际上，这些组分在烟道气中以碳的形式存在。

NO_x的产生速率为0.31 kg/MWh（0.2 lb/MMBtu）[3]。NO或NO_x的形成机制很复杂，这取决于进料、燃烧室温度、过剩空气的量、燃烧室的设计以及当前系统所存在的其他控制方案，如加入石灰石控制二氧化硫的量等。由于CFBC比传统的堆式和壁炉式燃烧室[50]具有更低的燃烧温度，因此CFBC的NO_x排放量一般比较低。燃烧室中氨的最终去向不是很清楚，但是有证据表明一部分氨转化成了一氧化二氮（N_2O），因而也为减少NO_x的形成起了一定的作用[55]。长期以来加入氨已经作为一种减少NO_x排放的方法。当包括氨时，总进料中氮的含量和煤类似；但不包括氨时，和未处理的生物质更相似。

2.8.3 成本估算

CFBC、涡轮式发电机、锅炉给水泵和除气器的价格由厂商提供。此外，FWE和ABB提供了换算因数的信息。根据FWE提供的信息，CFBC的大小应按蒸发率来计算，但这只针对进料条件如含水量相似的情况。从FWE获得的报价比早先1994年的报价要准确，如表19所示。其他过去十年内的报价也列入了该表格。

表19 锅炉价格

厂商/需求方	年份	蒸汽压力/温度	蒸汽产量/（1000lb/h）	总价/亿美元*	使用场合
FWE/REI[3]	1998	915～1265 psia/950℉	752	24.9	CFB
FWE/NREL[58]	1994	1515 psia/950℉	694	22.9	CFBC
Ahlstorm Pyropower/Radian[49]	1991	1515 psia/950℉	279～385	18～24	FBC
ABB/ Chem Systems[59]	1990	1100 psia/875℉	434	19.8	干燥器/FBC

* 1998年时的美元

锅炉给水软化设备的价格（包括消除污垢因素在内）使用Richardson[56]估算。其他化学处理的费用来自于Chem Systems[57]。其余设备包括泵、换热器和缓冲罐使用ICARUS[23]估价。

集尘室、集尘袋的使用寿命和替换费用由厂商提供，且合并在基建费用中。

2.9 公用工程工段——A900单元（PFD-P110-A901-3）

2.9.1 概述

该单元包括除蒸汽和电力（包括在A800单元内）外，还要提供生产乙醇设备中所需的公用工程项目。该公用工程提供冷却水、冰水、工厂空气和仪表气源、工艺用水以及就地清洗系统（CIP）。

冷却水提供给下列设备：

■H-200，冷却经过水解预处理后，进入到石灰处理前的液体；
■H-205，冷凝来自压滤机排气孔的水；
■H-244，冷却在进入废水处理之前处于预处理阶段的闪蒸汽；
■F-305-5，需要移走发酵种子生产链上的热量；
■H-300，需要移走同步发酵生产链上的热量；
■H-302，将糖浆冷却至适宜发酵的温度；
■H-310，移走糖化作用联动线上产生的热量；
■H-504，冷凝发酵液塔回流物；
■H-505，在开车期间冷凝精馏塔回流物；
■H-517，冷凝来自第三级蒸发器的蒸汽；
■M-503，给分子筛提供冷却和冷凝作用；
■H-602，冷却进入厌氧消化之前的废水；
■M-811，冷凝经过蒸汽轮机后残留的蒸汽。

如果全年所需的加工温度都可以使用冷却水达到，则工厂不用使用冷水。

工厂使用和仪表用压缩空气系统，为车间使用（气动工具以及清洁）、压滤机部件(预水解调节和馏出物脱水）以及仪表操作提供压缩空气。

工艺用水为新鲜的井水和经处理后废水的混合物，该系统为设备提供恒压水源。水供应给干草洗涤系统、采种单元、锅炉给水、冷却塔补充水、CIP系统以及水洗器。工艺用水也可与再循环水混合，用作糖化作用前的稀释。有时还可根据需要用作所有设备的清洁用水。

CIP系统为糖化、同步发酵、种子容器以及精馏系统提供一种耐热的洗涤液，该洗涤液具有清洁和除菌的功效。

2.9.2 设计基准

最初的冷却水主要消耗在预处理、糖化、发酵、精馏、废水处理以及涡轮发电机之后的蒸汽冷凝部分。冷却水系统的温度设计为28℃，在设备的冷却器中温度可上升9℃。我们之所以选择28℃是因为美国东南部夏季平均湿球温度为25℃，高出3℃也是比较合理的设计[60]。

石灰处理、糖化、发酵、精馏、废水处理以及锅炉中的蒸汽冷凝，全年都需使用冷却水。发酵单元的操作温度为41℃，进入该单元的最初冷却水为井水，温度为13℃，被发酵冷却负荷加热到26℃，然后才进入工艺用水系统，由冷却水取走残余的热量。

通过ASPEN软件，可以计算出冷却塔的蒸发量，并假定偏差为该塔总流量的0.1%。冷却塔排出量假定为蒸发损失和偏差量总和的10%。

工厂空气系统提供压缩空气系统为车间和仪表操作使用（气动工具、清洁、压滤机）。Delt-T公司推荐车间操作用压缩空气的流量为1530 m^3/h（900SCFM）。车间用空气压缩机也通过储气罐向压滤机提供压力为9.5 atm（140 psia），流量为8892 m^3/h（5230ACFM）的压缩空气。需要三台5228 m^3/h（3075CFM）的螺旋式压缩机，其中两台运行，一台备用。设计中的仪表用气干燥器和空气缓冲罐，为仪表气源系统提供干净恒压干燥的空气。缓冲罐的体积为 3.8 m^3（1000 gal)，可提供约 2.5 L/（m^3 · h）[1gal/SCFM］的压缩容量。

新鲜井水在冷却发酵基后，分为三路，分别为锅炉补充给水系统和水洗器提供洁净水。处理过的废水和剩余的新鲜水在工艺用水储罐（T-914）中混合并储存，然后输送到各个设备中。该水箱可储存够 8h 使用的工艺用水。工艺用水泵（P-914）将水从水箱中泵送到各设备中。该泵的设计处理量，为所需工艺用水流量的 1.5 倍。水洗器和锅炉给水系统也需补充新鲜水。新鲜的水在预先和再循环水混合稀释后进入到采种、冷却塔补充水以及 CIP 系统。

CIP 系统可为发酵种、糖化及发酵罐、发酵液塔、所有发酵液塔换热器以及蒸发器提供一种洗涤剂。

工艺过程的水流入 CIP 系统的储罐后，用低压蒸汽给其加热。为了能在清洗发酵液塔构件的同时也清洗一个储罐，需要两个 CIP 储罐。

洗涤程序如下。

(1) 工艺用水以 454 m^3/h (2000gpm) 的流速（或以设备设计流速）冲入要清洗的设备，以将设备中的固体物质冲出去。

(2) a. CIP 洗涤液以 454 m^3/h (2000 gpm) 的流速（或以设备设计流速）穿过设备，然后经过旋风分离器回到 CIP 储罐。

b. 对带有喷雾球的储罐，CIP 洗涤液以 136 m^3/h (600 gpm) 的流速穿过储罐内的喷雾球，然后经过旋风分离器，并由该 136 m^3/h (600 gpm) 的 CIP 抽空泵抽回 CIP 储罐。

(3) 当洗涤液回到 CIP 储罐以供再利用时，旋风分离器继续将浆状物送至废水处理单元。

(4) CIP 洗涤液继续循环直至所有设备都被清洗。

2.9.3 成本估算

冷却系统的费用概算基于 Marley 的口头报价。所引用的热负荷为 148 MM kcal/h (587 MMBtu/h)，并根据成本效率和耐腐蚀性考虑，使用玻璃纤维结构。所应用的冷却塔为五层的逆流塔，框架大小为 82.3 m×16.8 m (270 ft×55 ft)，基座大小为 82.6 m×18.6 m (271 ft ×61 ft)，每层有一台功率为 181 kW (243 hp) 的鼓风机，总流量为 16 125 m^3/h (71 000gal/min)。冷却塔循环泵使用 ICARUS[23] 估价。根据 Delt-T 公司在塔方面的相关经验，选择碳钢作为结构材料。

依据 ICARUS 估算车间及仪表用压缩空气和干燥机的价格。该概算以表压为 125lb/in^2 的回转螺旋式压缩机，以及所需露点为−40°C 为基准。车间用压缩空气储罐的价格也使用 ICARUS 估算，该储罐为卧式容器，设计压力为 14.6 atm (200 psia)。压滤机储气罐的价格由 Harris[19] 提供。

储水罐和泵的成本使用 ICARUS 计算。在计算储罐的价格时，使用的是常压下碳钢结构立式容器的数据；估算泵的价格时，使用的是碳钢结构离心泵的数据。

由 Delt-T 公司设计的 CIP 系统的估价，同先前 NREL 对该系统的估价类似。先前估算的总价为 95 000 美元 (1995 年)，尺寸大小及安装因素均考虑在内。

2.10 水、碳平衡以及能量分析

2.10.1 水平衡

由生物质生产乙醇的过程中需使用大量循环水。主要过程及整个工厂详细的水量计算来自于 ASPEN 软件的模拟。改善水的使用方法来减少补充水的需求量，依旧是一个待研究的领域。

该过程设计的理念，是向城市污染处理的零排放，并使工厂在一个稳态模式下运转。表 20 展示了整个乙醇工厂主要的进水和出水。用井水来补充由于蒸发作用损失到

表 20 乙醇工厂的所有水量

	总流量/（kg/h）	水流量/（kg/h）
	过程进料	
干草进料	98 039	14 706
酶	6 824	6 255
化学药品和营养素	7 239	0
空气	310 255	3 382
井水	186 649	186 649
进入总量	609 006	210 992
	耗水量/产水量	
预水解		−2788
糖化作用		−2736
燃烧		20 035
废水处理		371
消耗/生成总量		14 882
	过程出料	
乙醇产品	24 686	122
蒸发损失	195 993	156 291
通入大气	375 443	68 051
填埋的固体	12 718	2194
输出总量	608 840	226 658
水量差异（输入＋消耗＋产生－输出）		−784

大气中的水、随气流涌入大气中的水以及固体废弃物中以气泡存在的水。在长链聚合物转化为单体糖的水解反应（预水解和糖化作用）中所消耗的水，将在燃烧反应以及消化作用中再生。水衡算同物料衡算的不同之处，将在下节碳平衡中讨论。

2.10.2 碳平衡

乙醇生产过程中总的物料衡算由 ASPEN 软件模拟计算。碳衡算则作为整个过程中

我们所假定的生物质的组成、流量的定义以及化学反应的计量的验算[61]。

整个过程的碳衡算99%是收敛的。废水处理（T-606）以及净化水的混合（T-914）这两个子系统的建模所使用的方法误差很小。

(1) T-606为运用COD（化学需氧量）规律的废水处理单元，该单元只需确保质量衡算的收敛，而不需要保证组分的原子数守恒。该部分的误差为15 kmol/h。

(2) T-914假定工厂中循环的全是纯水，因而该单元额外的碳的化合物并不要计算在内。由于这部分碳的化合物在整个循环物料中的浓度很低（低于0.5%），因此不计入到模型中。该部分的误差为25 kmol/h。

表21中展示了生物质进料中碳所占的百分比。如表所示，99%的碳由生物质进料进入系统。碳的主要出口（占99%）为燃烧废气（47%）、乙醇产品（34%）和水洗器排气（17%）。这些结果均绘于图14中。

表21　乙醇工厂所有碳衡算

	碳流量/（C kmol/h）	占进入碳含量的比例（以C kmol为基准）
	碳的进入量	
干草进料	3144	1.000
酶	25	0.008
总量	3169	1.008
	碳的输出量	
燃烧排气	1497	0.476
乙醇产品	1066	0.339
水洗器排气	532	0.169
灰烬	16	0.005
硫酸钙	10	0.003
需氧消化排气	3	0.001
损失至大气	4	0.001
总量	3129	0.995

我们期望从燃烧废气中排出的碳占相当大的比例，因为过程中大部分的副产品（木质素等）均燃烧掉了，且释放出CO_2。废气中超过99%的组成为CO_2。水洗器排气中碳主要是以CO_2的形式排出，只有少量的碳（0.05%）以乙醇的形式排出。水洗器中排放的是发酵气体，该气体中包含CO_2。

由于生物质中非碳水化合物不能通过发酵转化产生乙醇，因此乙醇产品中的碳含量与总的生物质进料中的碳含量的对比有点误差。因此，生物质物料所转化的，包括乙醇及非乙醇类产品。表22展示了其分布，其中，进料碳中64%（碳的摩尔分数）出现在生产乙醇的糖类中。转化所有的这些碳可得到理论产率。依据表21，实际上只有51%的原料碳进入乙醇生产的路径（产物中的乙醇及其水洗器排气中的CO_2），因此，实际产率为理论产率的80%。

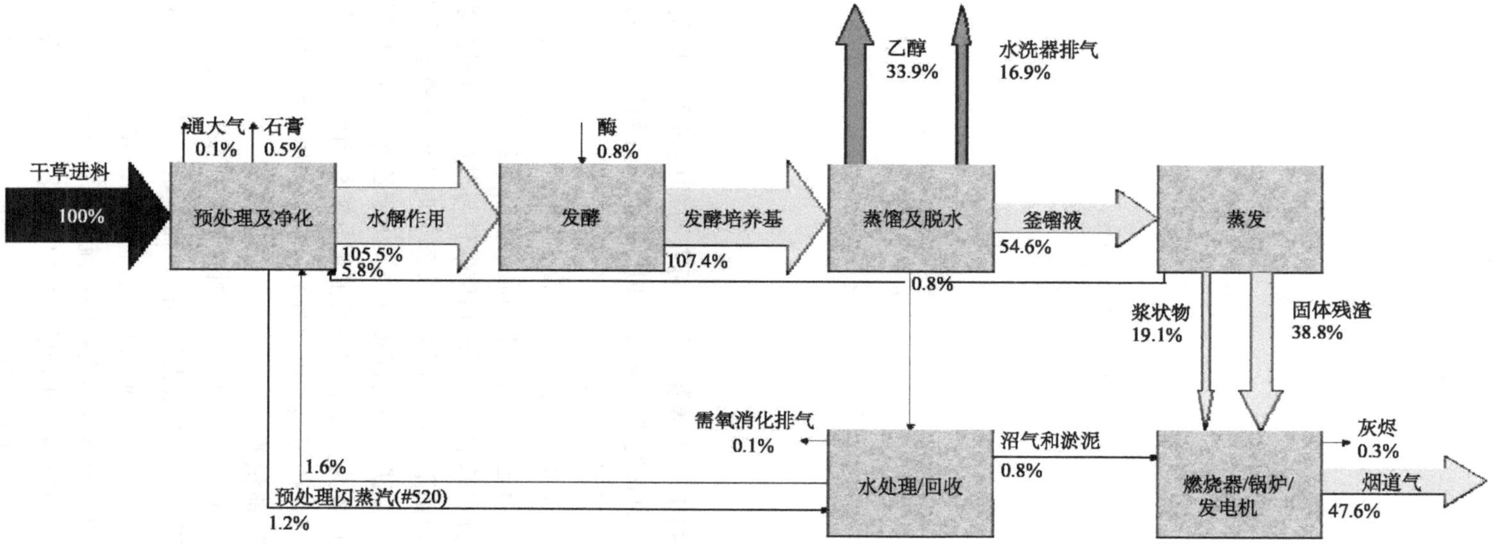

图 14　工艺过程的碳平衡

表 22　原料的碳组分

组分	碳流量/（C kmol/h）	碳流量（以 C kmol 为基准）/%
生产乙醇的反应物		
纤维素	1154	36.7
木聚糖	665	21.1
阿拉伯聚糖	92	2.9
半乳聚糖	60	1.9
甘露聚糖	48	1.5
总量	2019	64.2
非生产乙醇反应物		
木质素	968	30.8
可溶固体	13	0.3
乙酸盐	81	2.6
蛋白质	40	0.8
提取物	26	1.3
总量	1125	35.8

2.10.3　能量分析

该部分主要比较产物中（乙醇及电能）可获得的能量和生物质进料中最大可得能量[62]。该分析包括过程中的其他能量输入（如所有进料以及流出气或液流中的显热）。

原料中的能量由以下三部分组成：

(1) 化学势能，由 25℃的基准温度下的高发热值（HHV）定义；

(2) 由于该基准温度与过程温度的不同而造成的显热效应；

(3) 由于挥发性组分在基准温度下的相位条件与过程中的相位条件不同而形成的潜热效应（例如，水以蒸汽的形式排放而不是以 25℃时正常的液态排放）。

原料中的能量与生物质进料中的能量有关。由于乙醇产品的能量最终以其全部燃烧后的燃烧热计算，因而以此为基准的物料的能量分析相当便利。该基准的一个标准是燃烧产物不具有能量（除任何的显热和潜热外）。与其他物流和能量相比，发酵产生的二氧化碳本质上也是不具有能量的。

由于有大量的液态水流经整个过程，相对于燃烧热来说，HHV 也是个很方便的基准。HHV 是以燃烧后所得的液态水为基准的，而不是以气态水为基准（作为低发热值即 LHV 的基准），因此，过程中的液态水对任何物料的化学位能都是没有贡献的。

以生物质进料的燃烧热为基准的主要能量流见表 23 和图 15。乙醇产品中的化合能及其输出的电能，占生物质进料总能量的一半以上。冷却塔和燃烧废气中的能量损失相当大。如果过程中加入一个更为精细的废热回收系统，能量回收为输出的电能将有很大的提升空间。

表 23　乙醇工厂总能量分析

	能流/（MMkcal/h）	占进料能流的比例
	能量输入	
干草进料	358	1.000
酶	3	0.009
空气	2	0.005
硫酸	−2	−0.005
井水	−2	−0.006
其他	−1	−0.004
总量	358	1.000
	能量输出	
乙醇	174	0.487
冷却塔	79	0.220
燃烧废气	54	0.151
环境热及工作损失	22	0.060
副产物：电	16	0.045
损失到大气中	1	0.004
灰烬	1	0.003
其他	−2	−0.004
总量	346	0.966

这个表中有些能流值是负值，这可能是因为物流的温度比基准温度低（例如，井水进入过程的温度为 20℃，作为能量输入，其对过程的显热是负作用）。硫酸的负值表示其燃烧热为负值（也就是说，将硫酸转化成燃烧产物需要加入热量）。

过程总的能量衡算是有一点亏损的。输出能流比输入能流少 12 亿 kcal/h。这是由于在预处理、精馏和废水处理这三个主要的单元中的数值为近似值。这点亏损只占总输入能流的 3%。

同碳衡算一样，乙醇产品的燃烧热与总的生物质进料的燃烧热相比有误差。因为转化是通过糖类发酵完成的，因此过程不能转化生物质中的非碳水化合物（如木质素和蛋白质）。表 24 展示了不同进料组成（能转化成乙醇的碳水化合物以及不能转化的非碳水化合物）的能量。只有 63%的生物质的原燃烧热值来源于能生产乙醇的碳水化合物，把这部分进料中能转化成乙醇的碳水化合物的能量考虑进去，能量值要高得多，将超过 77%。

该过程中的任何一部分都可以进行类似的能量分析。对锅炉部分能量的分析，可以确定燃烧室在不同的进料时，最终产生使工艺过程运行的蒸汽和电能的能量。图 16 为该部分的简化流程图。燃烧室总进料的能量为 178 MMkcal/h（706 MMBtu/h）。木质素残渣为燃烧室提供了大部分的能量（59%），产生的电能和蒸汽占燃烧室能量的 66%。由于烟道气的高温及其包含大量气态的挥发性物质，使得烟道气中有能量损失。尽管看上去进一步冷却烟道气很值得，但是将产生许多操作上的问题，如酸性液体的冷凝、通过烟囱气速过低等。

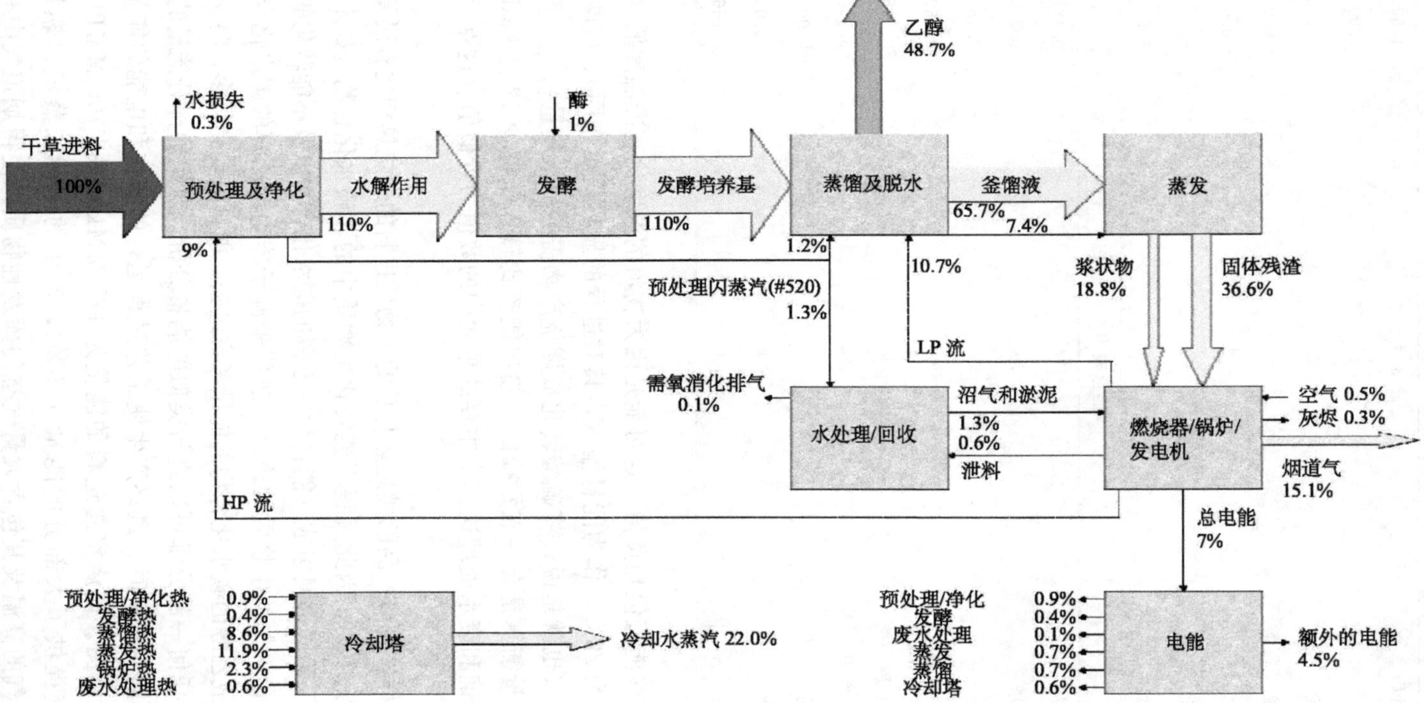

图 15 基于生物质进料的高发热值的过程能量分析

表 24　进料能量分析

组成	能流/（MMkcal/h）	总进料能流/%
生产乙醇的反应物		
纤维素	129	36.1
木聚糖	75	20.8
阿拉伯聚糖	10	2.9
半乳聚糖	7	1.9
甘露聚糖	5.4	1.5
总计	226	63.2
非生产乙醇的反应物		
木质素	92	25.6
可溶固体	4	1.1
蛋白质	11	3.1
提取物	17	4.6
乙酸盐	9	2.4
总计	132	36.8

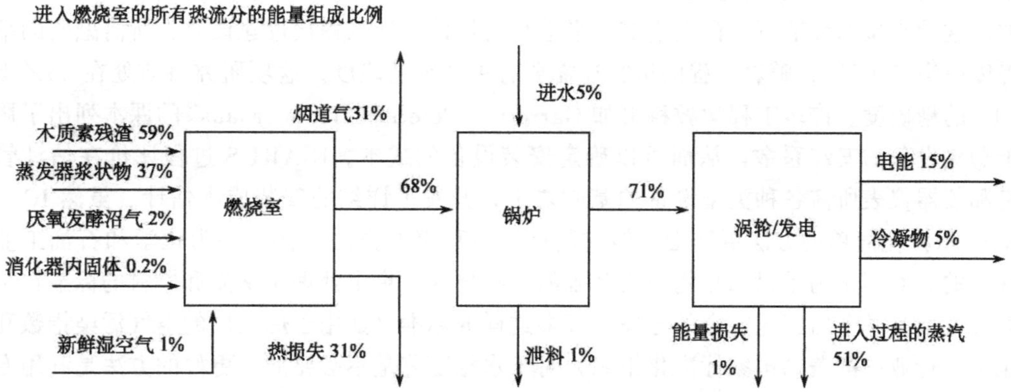

图 16　CFBC/涡轮式发电机能量分析

3 过程的经济性

如前所述，开发一个详尽的工艺设计、模拟模型和成本估计的主要目的之一是确定乙醇生产的经济性。乙醇生产成本还可用来根据产品的绝对成本评估其市场潜力，以及根据不断研究改进的工艺产品的相对成本来评估研究建议。

3.1 分析程序

该项目总投资（根据总的设备成本）以及可变和固定的运行成本是最先产生的费用。根据这些费用，使用折现现金流量分析以确定乙醇的生产成本，这时该项目的净现值是零。本节介绍这三部分的成本和完成折现现金流量分析所做的假设。

3.1.1 项目总投资

本报告第二章介绍了详细的工艺设计概念，以及如何确定设备的购买成本。下一步是确定安装设备的成本。安装成本是通过详细研究安装和使用必要设备所需费用而确定的。这种类型的细节不是根据当前水平进行的估计。当工程接近建设时，所需融资的精确度应当有±5%，随着工程的进行还需要有更详细精确度。这项研究目前处在25%±10%的精确度。许多工程学教科书如Garrett[6]、Peters和Timmerhaus[63]的课本列出了用于购买设备的安装系数，从而可以确定安装设备的成本。ICARUS过程评价在估计管道和仪器仪表所需各种类型设备的基础之上，开发了详细的安装成本估计。虽然ICARUS估计比简单的方法更详细，但它同标准教科书的方法一样，是为化学和石油工业开发的，而不是为了以水相物质为基础的生物技术。集中处理化学品和燃料的标准在很大程度上是基于对工艺安全的考虑。许多这样的标准（如用于炼油厂的空气污染指数和化工厂行业中的美国国家标准化组织）对于水相工艺是不必要的。更好的方法是利用专业知识和工程实践，如Delta-T已经设计并建造了淀粉基乙醇工厂。

1994年，Chem Systems[64]对这个工艺的直接安装费用作了研究报告（根据Walas[65]著作中的顺序列出了安装系数），Delta-T对所罗列的因素进行了审查。在表25中罗列的这些安装系数，已被应用到设备购置费用中了。除了化学系统列出的安装因素，Harris[66]又列出了一份新的评估因素，为玉米秸秆饲料的处理、连续预处理反应堆和固液分离设备提供了设备的具体安装和比例系数。一般来说，Harris的系数值要高于Chem Systems值，特别是规模较小的设备如水泵等。总的安装系数是购买费用总和与安装费用总和的商，但不包括A600和A800工段。Delta-T将这个比率（1.42）与现有的几个玉米乙醇项目相比较后，现有的实际比率为1.46。因此，除了其他信息（如供应商提出的安装因素）外，这些安装因素是被广泛接受并应用的。Harris获得了秸秆处理和固-液分离设备的安装系数，这个设计方案整体安装系数（不包括A600和A800）的结果是1.61。

表 25　安装因子[69]

设备	倍数因子*
搅拌器——碳钢（CS）	1.3～1.4
搅拌器——不锈钢（SS）	1.2～1.3
锅炉	1.3
压缩机（马达驱动）	1.3
冷却塔	1.2
精馏塔——碳钢	3.0
精馏塔——不锈钢	2.1
过滤机	1.4
热交换器（S & T）——碳钢/不锈钢	2.1
泵——Lobe	1.2～1.4
泵——离心式，碳钢	2.8
泵——离心式，不锈钢	2.0
压力容器——碳钢	2.8
压力容器——不锈钢	1.7
储罐——现场安装，碳钢	1.4
储罐——现场安装，带衬里的碳钢	1.6
储罐——现场安装，不锈钢	1.2
除尘器	1.2～1.4
涡轮式发电机	1.5

*安装费用＝设备购置费用×倍数因子。

一旦安装设备时包括购买成本和安装因素的成本被确定，它就可以被该项目引用。在这种情况下，我们选择了美国能源部 Energy Information Administration[67] 在 2000 年确定的石油成本（2000 美元以下）。购买每件设备的成本已与这一数字关联一年。它可能会在 1998 年，如果供应商通过竞标获得通过的话，也许可能是 1997 年，如果 ICARUS 被用来作为其基础，那时可将购买成本编至化学工程索引[68]。现有的索引值是从 1990 年到 1999 年倒退的一个简单方程式，由此产生的方程是用来在理想状况下推断未来的情况。表 26 以时间为序给出了索引。

表 26　化工设备购买索引[68]

年份	索引	年份	索引
1990	357.6	1997	386.5
1991	361.3	1998	389.5
1992	358.2	1999	390.6
1993	359.2	2000	394.1
1994	368.1		
1995	381.1		
1996	381.7		

相关年份总设备投资已经确定。我们必须加上一些其他项目，以获得工程总投资。表 27 概述了不同的类别和附加因子，这是基于工业标准的化工系统[69]所提出的。Delta-T 评审了这些项目和因素，并判定它们和公司所完成的其他项目是一致的。

表 27　确定项目总投资的额外费用

项目	描述	数额
仓库		项目安装总投资的 1.5%
场地开发	建设场地开发：包括围墙、边石、停车场、土地、道路、排污井、护栏、土壤硬化和地面硬化。假设场地干净，没有特别问题如穿行权、难清理的土地或者特别的环境问题，这个因素可以考虑最低值	工艺设备安装总投资的 9%
饷租费用	包括附带福利、企业负担、建筑承包商的保险费	安装总投资的 10%
外地开支	消耗品、小工具装备、租费、现场服务、临时建筑设施以及外地施工监理	安装总投资的 10%
内政部和建设	工程加上杂费，采购和建造	安装总投资的 25%
项目意外事故	由于此工艺设计非常详细，所以这部分很小	安装总投资的 3%
其他费用	启动和调试费用，土地、许可证、问卷调查和酬金打桩、土壤压实/脱水、不寻常的地基销售、使用和其他税收货运、运输保险和对设备、管道、钢铁、仪器仪表等征收进口关税施工期间的加班费外地保险项目研究小组运输设备、散货航运集装箱、车辆放置等随着时间的推移升级或通货膨胀的成本建筑贷款利息	总投资的 10%

表 28 总结了安装设备的总成本。表 29 表述了表 27 中的应用因素，以获取项目总投资（TPI）。

表 28　安装设备总投资

过程中区		资本成本/美元
A100	原料处理	7 500 000
A200	预处理	19 000 000
	中和/条件调整	7 800 000
A300	糖化/发酵	9 400 000
A500	蒸馏和固体回收	21 800 000
A600	废水处理	3 300 000
A700	储藏	2 000 000
A800	锅炉/汽轮发电机	38 300 000
A900	公共设施	4 700 000
	安装设备总投资	113 700 000

表 29 项目总投资（TPI）

安装设备总投资（表 28）	113 700 000
仓库	1 700 000
地点开发	5 900 000
总安装费用	121 200 000
间接成本	
佣租费用＋外地开支	24 300 000
内政部和建设费	30 300 000
项目应急	3 600 000
总投资	179 400 000
其他费用（启动、许可证等）	17 900 000
项目总投资	197 400 000

注：标准 I0203I，2000 年。

3.1.2 可变运行成本

可变运行成本包括原材料、废物处理费、副产品销售，只有当进程运行时才产生。所有的原料使用量及废物产生量，都用 ASPEN 物料衡算和能量衡算模型确定。表 30 是在对每一年和每加仑乙醇的基础上总结的这些费用。

表 30 可变运行成本（基于 69.3 亿加仑乙醇/年）

原料	kg/h	成本/（$/lb）	MM$/a	美分/gal 乙醇
生物质原料	98 039	0.0128	23.17	33.45
聚合物澄清	28	1.2500	0.66	0.95
硫酸	3288	0.0124	0.76	1.09
石灰	2395	0.0348	1.54	2.23
玉米烈性酒	1306	0.0804	1.95	2.81
购买的纤维素酶	6824	0.0552	6.98	10.08
磷酸氢二铵	163	0.0706	0.21	0.31
丙烷	20	0.0022	0.0022	0.001
化妆水	186 649	0.0001	0.40	0.58
BFW 化学品	1.0	1.3497	0.03	0.04
冷却水化学品	1.9	1.0204	0.04	0.05
WWT 化学品	57.9	0.1579	0.17	0.24
WWT 聚合物	0.2	2.551	0.01	0.01
粉煤灰处置	4492	0.0094	0.78	1.13
硫酸钙处置	7217	0.0094	1.25	1.81
电力信贷	－18 747（kW）	0.041/kW·h	－6.43	－9.29

注：可接受的玉米秸秆的成本，15%的水分，30 美元/干吨；
标准 I0203I，2000 年。

相对于固定设备，化学药品的成本在不同时期差异比较大。我们根据 SRI 咨询使用工业无机化工指数作出对成本从购买到分析报告发表期的索引[70]。这个索引的数据是从 1980 年到 1999 年的。这些数据可回归为一个一个简单的方程式，并用以推断其他年限的数据，如表 31。

表 31　无机化学索引

年份	指数	年份	指数
1982	91.1	1993	96.0
1983	86.6	1994	91.3
1984	85.9	1995	93.3
1985	88.1	1996	94.7
1986	86.8	1997	98.8
1987	86.1	1998	92.1
1988	91.9	1999	96.8
1989	99.2	2000	98.8
1990	101.7		
1991	102.5		
1992	100.0		

注：1990 年至 1999 年代表实际数据；2000 年是推算数据。

3.1.3　固定运行成本

固定运行成本一般由工厂是否满负荷生产决定。这些费用包括劳动力和各种开销项目。Delta-T 建议的固定运行成本信息使用该公司一直参与的类似的乙醇厂项目（高达 2.3 亿 L ［60 000 000gal］年产量）的数据，以及作为参考标准的 Peters and Timmerhaus[63]。表 32 包含了除了雇员人数外 Delta-T 提供的所有数据。Harris 在玉米秸秆饲料处理制度[16]中确定了雇员人数。

表 32　固定运行成本

项目	年薪/美元	人数	年总花费/美元
工厂经理	80 000	1	80 000
厂房工程师	65 000	1	65 000
维修主管	60 000	1	60 000
劳顾会的经理人	50 000	1	50 000
移监	37 000	5	185 000
实验室技术员	25 000	2	50 000
维修技师	28 000	8	224 000
转换操作员	25 000	20	500 000

续表

项目	年薪/美元	人数	年总花费/美元
码雇员	20 000	32	640 000
总经理	100 000	1	100 000
书记及司级官员	20 000	5	100 000
总薪酬（1998 年）			2 054 000
总薪酬（2000 年）			2 150 000
	因数		
一般开销	60%	总薪酬	1 293 000
维修	2%	已安装设备的成本	2 273 000
保险及税金	1.5%	总安装成本	1 819 000

注：标准 I0203I，2000 年。

工资不包括福利，它们都包含在一般经费类别中。一般开销占总薪金的 60%，它包括的项目有安全、一般工程、一般设备维修、工资开销（包括福利）、工厂安全、清洁卫生和类似服务、电话、照明、用热和工厂通讯。

基于 Delta-T 及 Peters 和 Timmerhaus 的经验，每年的维修材料花费估计为总安装设备成本的 2%（表 28）。此外，根据内部信息和发布信息，保险和税收估计为总安装成本的 1.5%（表 29）。

需特别注意的是，本节提供的这些估计值是基于美国中西部的位置的基础上的，场所不同估计值可能相差很大。

该薪酬是 1998 年的标准，在适当时候需要建立到其他年的成本索引。该指数根据劳工统计局[71]调整这些费用并给出了表 33。现有的数据可倒退到一个简单的方程式，由此产生的回归方程可以用来推断其他年限的数据。

表 33　劳动指数[71]

年份	指数	年份	指数
1980	8.3	1992	14.51
1981	9.12	1993	14.82
1982	9.96	1994	15.13
1983	10.58	1995	15.62
1984	11.07	1996	16.17
1985	11.56	1997	16.57
1986	11.98	1998	17.09
1987	12.37	1999	17.38
1988	12.71	2000	17.93
1989	13.09		
1990	13.54		
1991	14.04		

3.1.4 折现现金流量分析和乙醇销售成本

一旦主要的三方面成本，即：①项目总投资；②可变运行成本；③固定运行成本已经确定，折现现金流量分析可以用来确定每加仑乙醇产品的最低销售价格。直到该项目净现值是零，折现现金流量分析程序才会重申乙醇的销售成本。这种分析需要折扣率、折旧方法、所得税率、工厂寿命和建设持续时间的指定。乙醇的最低售价是这样确定的：对一个寿命超过20年的工厂以10%的折现现金回报率使乙醇工艺净现值为零的乙醇价格。

这里分析定的折扣率是10%，这个比率是在Short等[72]为能源部做的关于如何执行可再生能源技术的经济评价的基础上选择的。他的看法是，“在缺乏工业应用统计数据的情况下，交通运输和商业投资者的风险投资，类似于这些养护和可再生能源的投资”，因此他建议采用税后折扣率为10%。

对于这一分析，我们是假设工厂100%的股权融资。这一点，以及我们做的其他假设必将根据具体项目的不同而有所改变。分析中为这些参数的选择提供了一个标准的方法——这并没有因融资的无限可能而改变，但这绝不是项目融资中最终的结果。图17说明了在股本融资百分比和税后折扣率（IRR）的基础上的乙醇最低售价，贷款10年，利率为7.5%。

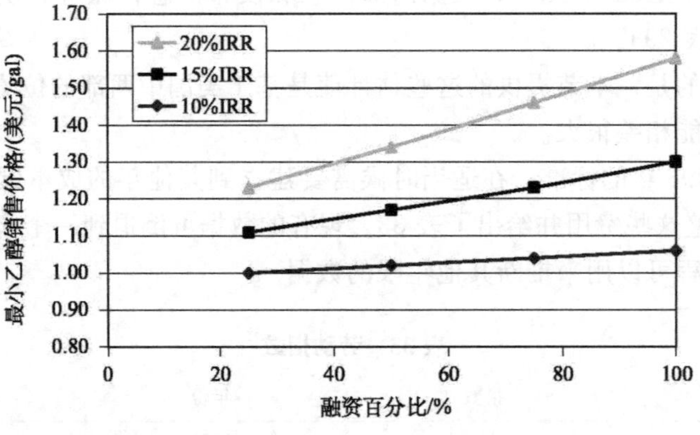

图17　融资百分比和税后折扣率（IRR）对乙醇最低销售价格的影响（贷款利率为7.5%，贷款期限为10年）

为确定所缴付的根据联邦税计算出的折旧额，Short等[73]建议用国税局加快回收成本制度（MARCS）。在MARCS中是一般折旧制度（GDS），它包括200%和150%的递减折旧法（DB）。这提供了最短的使用周期和最大的课税减免。国税局出版534（IRS 1993）建议蒸汽生产厂应使用20年的使用周期。国税局指出，在其他财产没有在出版物中具体描述时，应当用7年的使用期贬值。Short等[74]建议使用周期少于10年的应使用200%递减折旧法，恢复期为20年的应使用150%递减折旧法。

州税没有被考虑在内，这主要是因为工厂的位置尚未确定，各地税率差异很大（0～12%）。Short等[72]建议使用最高的联邦税等级，即对于大公司是39%。

投资回报率是基于每加仑的基础计算的。所得税是超过工厂寿命的平均值，这个平均值是以每加仑为基础的。一个有潜力的乙醇生产者每年所缴付的所得税不同，这是由于每年的产品生产量和允许的折旧扣除不同。事实上，没有所得税是在运作的前三年支付的，因为折旧免税额大于净收入。

在现金流量分析中建设时间是很重要的，这是因为在施工期间一般没有收入却需花费巨额资金。Perry 和 Green[75] 表明小型项目（少于 1000 万美元的投资）可在 18 个月内完成，大型项目可能需要长达 42 个月。一份石油炼制经济学的概述[76] 表明，大型炼油厂（15 亿美元的投资）可在 24 个月内兴建完成。当然乙醇工程远小于石油炼厂，所以使用 24 个月的建设时间是保守并且适用的。按照 Delta-T 的经验，建设一个粮食制乙醇的工厂需超过 2 年的时间才能完成这种规模的项目。这种类型的设备与炼油厂的重要区别是在这个过程中有大量的实地竖立容器，它们会导致施工时间长一点。表 34 总结了建设的时间表，以及在这段时间内的现金流量分析。

表 34　建筑活动和现金流量

工程开始月份	工程结束月份	工程描述	占工程造价百分比/%
0	6	项目计划和时间表确定，工程概念和基本设计以及申请完成，主要设备投标发出，子包选定后就开始工程，监测系统完成，初步厂房及机器设备的安排完成	8.00
6	18	所有工程细节，包括地基、结构，管道、电气、地点等完成；所有设备和仪器组件的购买及运输；所有分级、排水、下水道、护栏、消防池、地基和主要的结构安装完成；一套主要工艺设备（除最长的带头项目）的 80%，所有储罐和主要管道和电气材料的采购	60.62
18	30	完成工艺设备安置、管道、仪表安装；完成所有电线；所有建筑清理和管道完成；所有美化完成；预先调试完成；试车、启动和初步性能测试完成	31.38
		总共	100.00

注：1. 上述假定在没有公用或工艺设备的订单前 7 个月；2. 支出是基于 60MMgal/a 粮食制乙醇设备。

Perry 和 Green[75] 表明，在这种情况下，一个中等复杂的工厂开始运行应约有 25% 建设的时间或是 6 个月。Delta-T 关于开办的经验表明，大型的粮食制乙醇厂可以在更短的时间内开始，但生物乙醇厂比粮食乙醇厂更复杂。考虑到这种设计是为多个工厂运行的，我们假设开始时间为 6 个月，但初创时期不完全浪费。我们预期在此期间，用 75%的可变费用支出和 100%的固定支出可实现平均 50%的产量。

Peter 和 Timmerhaus[63] 界定营运资金可用以支付：①原料和用品库存；②成品仓库；③应收账款；④用以每月付款如工资和补给的库存现金；⑤账目应付账款；⑥应缴税项。经验表明，运行资金通常是总资本投资的 10%～20%。这个资金流动是维持工厂运转的需要，在起始阶段通过产品所得的收入购买更多的材料和用品。对这一项目来说，10%相当于1800万。若现场乙醇的存储容量是7d，那么假设在30d内可完成该产品生产、发运并收到货款是保守的。一个月的原材料、劳动力、维修、税收和间接费用是400万美元。因此，减少数额似乎是合理的。Garrett[6]建议使用年运行成本的一小部分，通常是10%～35%，按这个比例在500万～1600万美元，我们选择使用1000万美元，占资金总额的5%。

表35总结了折现现金流量分析中使用的参数。

表35 现金流量折现参数

工厂寿命	20年
折扣率	10%
一般工厂折旧	200%DB
一般工厂资金回收期	7年
蒸汽厂的折旧	150%DB
蒸汽厂资金回收期	20年
联邦税率	39%
融资	100%的股权
施工年限	2.5年
前6个月花费	8%
后12个月花费	61%
最后12个月花费	31%
营运资金	投资总资本的5%
投产期	6个月
收入	50%
可变成本	75%
固定成本	100%

使用表35中折现现金流量的参数，再加上表29、表30和表32中的成本信息，由此产生的最低乙醇售价为纯乙醇1.07美元/gal（表36）。使用该项目总投资估计差额25%±10%，对乙醇成本的影响是最低点1.02美元/gal，最高点1.19美元/gal。折现现金流量、运行成本和简要工作表的样本见附录。

表36 收益率、利率和加工成本概况

原料率/（干吨/天）	2000
乙醇产量/（gal/美国吨原料）	89.7
乙醇产量/（MMgal/a）	69.3
设备的总成本/美元	113.7
项目总投资（资本）/MM美元	197.4
非原料原材料/（MM美元/a）	12.7
废物处置/（MM美元/a）	2.0
固定成本/（MM美元/a）	7.5
超额电力/（kW·h/gal乙醇）	2.28
开车时间/（h/a）	8406
乙醇的最低售价	1.07美元/gal（+0.12/－0.05）

注：标准I0203I，2000年。

1.07 美元/gal 可进一步细分为每个工序的成本，图 18 说明了构成总成本的资本、运行和固定费用。

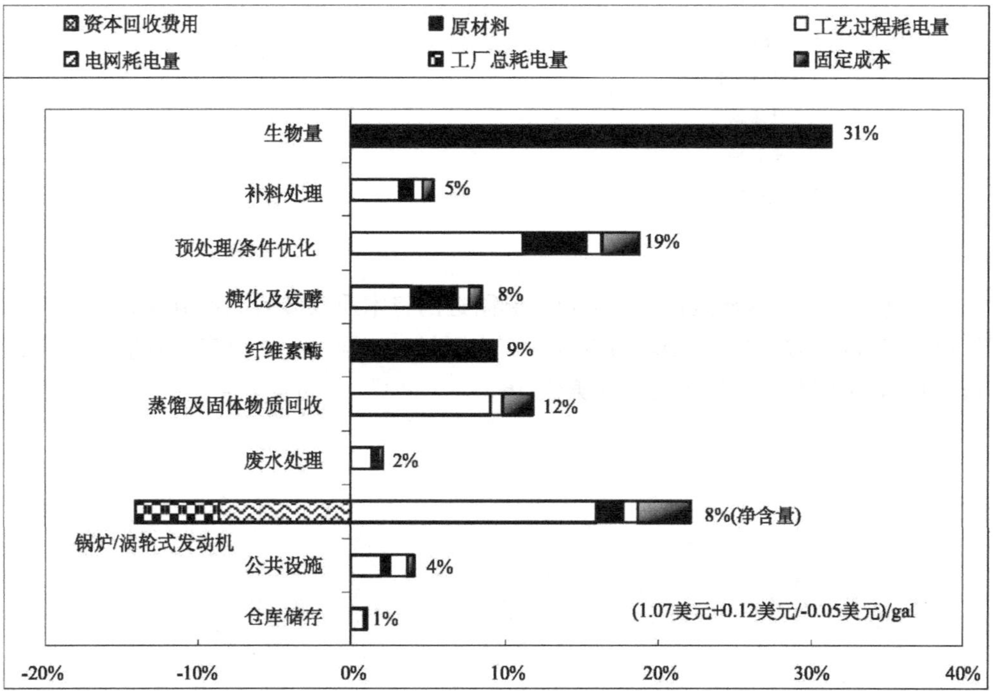

图 18　各工段成本分配（乙醇销售价格的百分比）

对一个公司来说，投资一个未经论证的技术创办工厂，这些费用可能仍然过高。当今建造的工厂拥有一些优势，使他们在短期内占据市场的一小部分。这些优势可能有原料成本（非常低的或环境废物）、设备（利用相关的已弃用的设备）、在当地用现有的设施（生物质燃烧和废物处理设施），或以上优势的结合。这是那些基层的大型生物质制乙醇工厂建立前所没有预料到的。

3.1.5　糖的成本

在形成乙醇过程中，糖是一个中间产物。在预处理区，半纤维素水解形成木糖、阿拉伯糖、半乳糖、甘露糖。纤维素酶将纤维素糖转化成葡萄糖。这个分析中假定酶水解是在一个无菌状态下并且接近完成水解，这样才使可转化的糖流作为产品产生。

为分析中间产物糖的成本，以下几个方面应从生物质制乙醇模型和经济学中移去：废水处理（为保持预处理蒸汽整洁的一种成本）、发酵、精馏、输送处理以及储存。同时，在糖化区之后加一个逆流洗涤器用以从稀混合糖流中分离出起燃烧作用的木质素。大规模结余及资本和营运成本，确定了糖过程和糖的最低转让价格为 6.4 美分/lb。表 37 显示了糖流的组成，由于在设计乙醇案例时假设所有的水解（理论值的 90%）都发生在糖化罐里，而在实际情况中，葡萄糖的浓度可能在糖化步骤中限制水解的程度。

表 37　糖化时混合糖的浓度

糖	浓度/（g/L）
葡萄糖	65
木糖	38
树胶醛醣	5.2
甘露糖	2.7
半乳糖	3.4
总和	114.3

注：标准：R0204E。

在某些情况下，木质素流也可以出售到附近的将木质素转换成价值较高的副产品的工厂或更符合成本效益的生物电力设备。作为原料以相同的价格出售木质素（对较低的热值计算），可将糖的价格降为 5.6 美分/lb。

4　灵敏度分析

由前面部分决定的乙醇成本是用已经发展或者正在发展的技术导出的。在设计中，工艺目标是必须获得低于报道中所提到的 1.07 美元/gal 的乙醇。任何一个目标没有达到，成本都将会受到不同程度的影响。另外，设备设计、安装和建设成本的不确定性也会影响经济性。一些工艺的目标可以通过核心技术的研究达到，例如，原料收集、预处理、糖化（酶技术的发展）和发酵（ethanologen 技术发展）。其他方面，如原料成分的易变性不易控制，关键是理解各种可变因素的影响，并且怎样把它们控制在一个精确的范围。例如，玉米秸秆需要被覆盖保存或者收割之后在一定时限使用以避免碳水化合物降解；需求也会影响原料或设备的价格。设备和操作成本是在科学研究中影响较小的另一个区域。这里讨论的是那些已被认定为理解和达到的关键点的工艺目标。在大多数的案例中，用于灵敏性的数值是从目前实验数据获得的，用来演示技术先进（或缺乏）对工艺经济的影响。

4.1　秸秆成分、成本和处理

玉米秸秆的不同部分有不同的组成。在一定量的原料中，各种各样结构的相对比例会被玉米的遗传、环境因素、收割和储存习惯所影响。这些变化会仅通过产量产生重大影响，并且准备性的观察表明植物结构的固体组成变化会影响预处理效率[13]。

改良的收割方法、天气和需求是影响秸秆成本的一些因素。1997～1998 年艾奥瓦州哈兰铁马传统农场的一个秸秆收集项目的结果表明，秸秆收集成本为每吨干秸秆 31～36美元[9]。据 DOE 的承包商研究报道，运用现代收集方法[77]每吨干重的价格范围为 35～46美元。据 ORNL 报道说，几乎所有可收集的秸秆是干重 55 美元/t[11]。如果这些价格保持含有上面提到的预期因素的标准，那么，如果所用秸秆为干重 55 美元每吨，乙醇的生产成本将高达 1.35 美元/t。

植物的捆扎处理可预见需要补充大量的场地工人，将包从卡车上卸到仓库或原料处理区。Harris 估计需要 4 个工人一班。如果将 32 减至 8（2 个工人一班），成本将节省 0.02 美元/gal。这样的节省可以通过提高处理设备或技术达到。

4.2　预处理量和成本

当有效糖分含量几乎达到一半（44%）的时候，秸秆半纤维部分的转换很重要。木聚糖组成了半纤维糖的 72%。表 38 表明了预处理量对总产量和乙醇出售价格的影响。如果产量没有比目前数据[25]高，那么乙醇的出售价格将有 0.11 美元/gal 的提高。

表 38　预处理量对最小乙醇出售价格的影响

半纤维预处理的单产率/%	总乙醇产量（干重）/（gal/t）	总产量的改变量/%	乙醇出售价格/（美元/gal）	设计案例的价格改变/（美元/gal）
67.5	80.4	−10	1.18	+0.11
80	85.5	−5	1.12	+0.05
90	89.7	—	1.07	—
95	91.6	+2	1.05	−0.02

针对秸秆的连续稀酸预处理设备的设计与纸浆提炼与加工工业中运用的水解器相似，与秸秆的除尘器显著不同，导致一个较为昂贵的反应器。反应器的情况需要比铬镍铁合金更多的国外冶金技术。这些并不是某一种成本，而是更加昂贵的反应器总体设计成本。如果成本高于（或低于）目前预期的（安装设备成本大约为 17 亿美元）50%，乙醇的出售价格会相应变化 0.04 美元/gal。

4.3　硫酸钙

加过量石灰中和之前的固-液分离可以除去工艺中的硫酸钙，并且防止了在高温产物回收设备中的沉积。如果这一步骤被移除，由于资本减少（在中和的条件下−7.2 亿美元，在糖化/降解和精馏下+2.1 亿美元）将会节省 0.03 美元/gal 和来自于硫酸钙废物料中的糖产量的少量增加（0.4 gal/t）。这些影响很容易量化，工艺中硫酸钙的影响相对比较难转化为成本。在没有分离器的情况下，糖化物流（306）的速率从 28 kg/h（0.1%）升至 5100 kg/h（1%）。如果将分离装置除去，0.06%的固体含率将升至 10%。同样浓度的进入分离塔和第一个蒸发器，在固体回收分离步骤中的高固体回收率使得大部分的硫酸钙免受了第二和第三次影响。硫酸钙在锅炉中耗尽，减低物流加热值的 15%（4179～3552 Btu /lb）。硫酸钙会影响 SO_x 在燃烧室的产量，但是不管由于钙的积极作用，还是硫的负面作用或二者的联合，现在都还是未知。未反应的部分会随着灰分进入到废物处理阶段。

4.4　糖化和发酵的产量与成本

如果酶的成本比分析的高或低，将会对乙醇出售价格有直接影响。既然纤维素转包合同是在第二年，现在就准备测试效率和确定装载量还为时过早。几种可能的取舍高于预期每加仑乙醇酶成本最小化总影响，其中一个就是停留时间。增加一倍糖化罐中停留时间（从 1.5d）会增加 TPI 4.4 亿美元，并且乙醇出售价格会改变 0.01 美元/gal。对于每 5 FPU/g 酶装载增加，乙醇售价将增加 0.04 美元/gal，至于双倍停留时间的成本，仅仅最小限度的增加可以被实现。

如果增加停留时间可以减小酶装载量，则可以利用灵敏度分析及经验数据获得总 MESP 的最小值。灵敏度分析的一个例子是非优化的玉米秸秆预处理运行（P010129CS）。预处理在 165°C、酸浓度为 1.37%的条件下运行了 8min，这由 Schell[78]

在文献中描述。在三角瓶中用酿酒酵母细胞D5A与Iogen（渥太华，加拿大）的纤维素酶（批量编号BRC 191095），测试了SSF情况下酶的水解固体的结果。在这些三角瓶中装入5.65%的纤维素（相当于大概总固体的17%）。因为酶不是DOE/酶的合作制造商生产，预处理条件不是最优的，并且酶解测量和工艺条件不匹配（例如，无发酵的糖化对比仅有葡萄糖发酵的SSF），这个研究仅是一个例子。这并不是有意显示理想酶加载/停留时间表示最优化是如何得到的。

由SSF得到的产量是通过以最终乙醇浓度除以理论乙醇浓度计算的。最终的产量可能是纤维素浓度的保守估计，因为它并不包括其他糖化产物。然而，它很接近工艺中可能达到的程度。图19表明了在多种SSF时间（从7～168h变化）五种酶装载量（5PFU/g、10PFU/g、15PFU/g、20PFU/g、25PFU/g纤维素）情况下的乙醇产量。因为只有SSF的数据是可得到的，对建模目标我们假设糖化和发酵时间是SSF时间的一半。在设计案例中，酶载体是12PFU/g纤维素，糖化时间是36h，发酵时间是36h（SSF时间是72h），并且纤维素水解产率是90%。这些参数在2.3.4部分讨论，用较这次研究优越的预处理方法可以达到，因此，这个设计案例会有比图19所示更佳的结果。

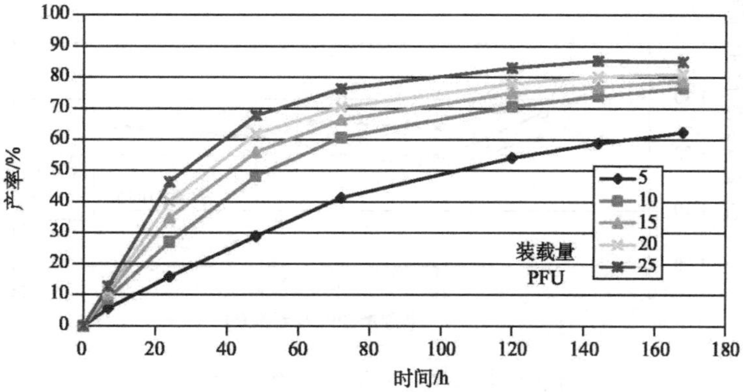

图19　不同纤维素酶用量条件下的同步糖化与发酵乙醇产率

图19中显示的每种酶载体、停留时间及组合物产量都被考虑到过程模型中，这些模型计算出相应的乙醇最低销售价，如图20和图21所示。图20描绘了各种载酶量随时间变化的乙醇最低销售价，它表明了停留时间应不小于144h，增加停留时间在120h之前影响非常大。图21描绘了在每个时间点上随载酶量变化的乙醇最低销售价，它表明最佳的载酶量约为10 PFU/g纤维素。这两个图都表明额外的发酵时间（作为额外的发酵容量）可以使乙醇的销售价格降低。这些结果高度依赖于玉米秸秆预处理条件、酶、糖化/发酵的设计和酶的成本，因此任何这些工序选项的变化都会导致最佳条件的不同。

酶准备中半纤维素酶活性也可能通过霉菌预处理降低成本。另外，在早期，一些商业性准备显示了半纤维素酶的活性。NREL正在研究半纤维素酶和其他酶的附属机遇。

发现和工程设计一种菌种去发酵半纤维素糖是秸秆经济产率的关键。如果一个菌种改进了，它将葡萄糖代谢后，再代谢木糖或较小的糖。如果较小的糖（阿拉伯糖、甘露糖、半乳糖）没有转化，乙醇价格将会增加0.09美元/gal（分别是0.04美元/gal、

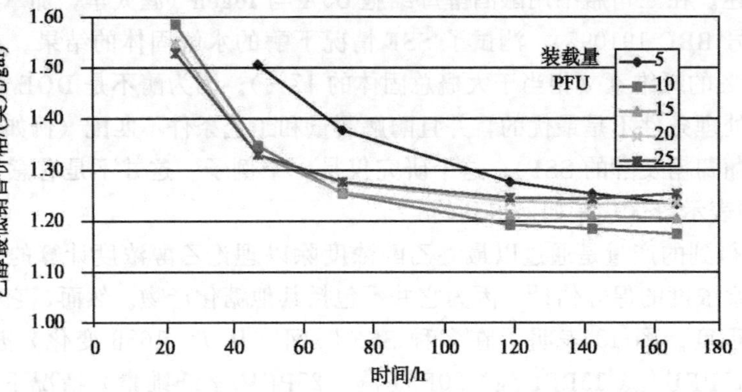

图 20　不同纤维素酶用量条件下的乙醇最低销售价格（MESP）

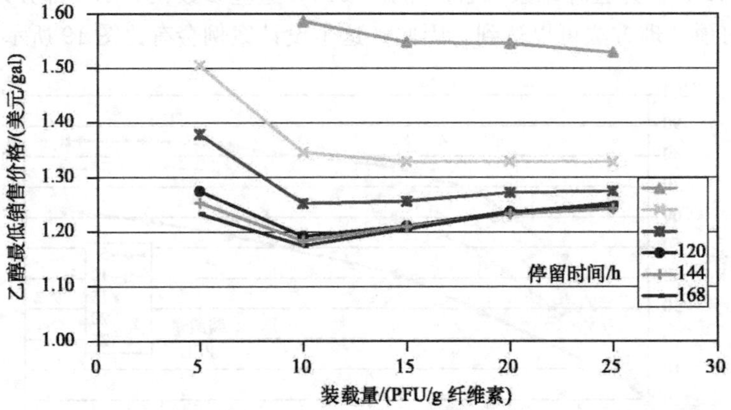

图 21　不同停留时间下的乙醇最低销售价格（MESP）

0.03 美元/gal、0.02 美元/gal）。表 39 显示了少于强壮菌发酵对产量的影响。像增加糖化时间一样，提高停留时间至 3d，对乙醇价格仅有较小的影响，即 0.01 美元/gal，所以以此增加乙醇产量可以抵消生物体效能差别。

表 39　影响成本的变动总结

设计参数	数值		总产量（加仑/干吨）	总产量的变动/%	乙醇售价/（美元/gal）	与设计价格的差异/美元
	设计值	灵敏度				
木糖/微发酵糖产率	85%/85%	50%/0%	72.0	−20	1.31	+0.24
干草成本	30 美元/干吨	50 美元/干吨	89.7	—	1.29	+ 0.22
半纤维素糖发酵产率	85 %	50 %	77.4	−14	1.22	+ 0.15

续表

设计参数	数值		总产量（加仑/千吨）	总产量的变动/%	乙醇售价/（美元/gal）	与设计价格的差异/美元
	设计值	灵敏度				
少量的糖（阿拉伯糖、甘露糖、半乳糖）发酵产率	85%	0%	81.1	−10	1.17	＋0.10
预处理产量	90%	67.5%	80.4	−10	1.18	+0.11
	0.041 美元/kWh	0	—	—	1.16	+0.09
电力信贷		0.02 美元/kWh	89.7		1.12	+0.05
		0.06 美元/kWh	89.7		1.02	−0.05
电力来源	生产	购买	—	—	1.16	+0.09
预处理产量	90%	80%	85.7	−4	1.12	+0.05
酶载体	12PFU/g 纤维素	17PFU/g 纤维素	89.7	—	1.12	+0.05
葡萄糖产量	95%	85%	84.4	−6	1.12	+0.05
燃烧成本	20.6MM	+50%	—	—	1.12	+0.05
预处理反应器成本	17MM	+50%	—	—	1.11	+0.04
葡萄糖产量	95%	90%	87.0	−3	1.10	+0.03
糖化或发酵停留时间	1.5d	3d	89.7	—	1.08	+0.01
预处理产量	90%	95%	91.6	+2	1.05	−0.02
秸秆处理劳动力	8 人轮换	2 人轮换	89.7	—	1.05	−0.02
燃烧成本	20.6MM	−30%	—	—	1.04	−0.03
在加石灰之前固液分离	是	否	90.1	+0.5	1.04	−0.03
预处理反应器成本	17MM	−50%	—	—	1.03	−0.04

4.5 能量生产

固体（煤）的燃烧众所周知。生物质共燃已经成为减少排放物的工业做法，并且在加利福尼亚州，生物质能的生产已经有几年的历史了。除了生物质以外，粉化煤与煤浆是和乙醇工艺的残渣木质素最相似的燃料。一个循环流化床锅炉已经被认定为不用干燥物料的最有可能的选择。如果一个 CFBC 需要额外的干燥或者残渣的物料处理设备，成本将会增加。相反，较廉价的锅炉类型，像改进型的炉堆或炉排就可以胜任。如果锅炉的成本（目前设备安装成本为 20.6 亿美元）改变了 50%，乙醇价格将被影响 0.05 美元/gal，30%的改变将导致 0.03 美元/gal 的影响。

一个 0.041 美元/kWh 的账单是假定工厂生产的电量过量并且出售给通常避免赊账的电力部门。如果电费仅为 0.02 美元/kWh[79]，乙醇最低销售价为 1.12 美元/gal；如果电费为 0.06 美元/kWh，乙醇价格为 1.02 美元/gal。能源价值有很高的区域性，并且变动几乎是以小时计算的，这使得工厂履行合约能力和通过在需求高峰时卖一个好价格具有不确定性。最坏的结局将是没有过量能源的收入，这意味着多余的能量将被释放或者用于一些其他无收入功。利用多余的能量来给工厂建筑供暖可以作为成本效益。电力的零净收入意味着 0.09 美元/gal 的增加。假设工厂以 0.04 美元/kWh 购买电能，将会使乙醇出售价格变为 1.16 美元/gal（设计中省去了涡轮发电机），这将又和电力成本的变动挂钩。考虑到这两种选择，内部发电将控制成本成为可能，除非资本成本控制决定。

如果在厂外木质素有一定价值，购买电力和利用煤气锅炉自产电能将降低资本投资。

4.6 Monte Carlo 分析

4.6.1 概述

Monte Carlo 分析是一种对模型中的不确定值进行概率分析的方法，可以用随机分布函数表示参数值的不确定性，用概率曲线描绘出其结果。

由于所有的参数值都具有一定不确定性，因此只列出一个单一的结果集是对这些可能性的过于简单化。如果数值都是绝对准确的，那这些单一的结果集都是有效的输入数据，但概率曲线能在输入参数的不确定性基础上更好地反映真实结果。Monte Carlo 分析法允许用户选择一个或多个输入参数并界定这些参数的概率曲线值，然后它利用随机选择（根据概率分配）设定每一个参数值，计算并记录结果，多次重复选择，计算和记录过程。最终结果可由多个不同类型的曲线表示，最常见的是直方图和概率曲线。

Monte Carlo 模拟主要应用在财政决议中，当然也有少数团体已经开始在科学舞台上使用它。早在 1986 年，NREL 工作人员就建议利用 Monte Carlo 分析作为生物质制乙醇研究的管理技术[80]。他们用累积概率曲线比较可能的过程，并着眼于它们的重叠部分和 50%概率的 MESP。Akerberg 和 Zacchi 显示的由淀粉制乳酸生产成本的概率曲线强调[81]，只有一个单一的生产成本是不够的。

作为这个过程模型的初步 Monte Carlo 分析，我们选定几个经济参数，界定他们的概率曲线，并由此计算产生的乙醇售价与项目总投资的概率曲线。在 Excel 中利用 Crystal Ball 可简化曲线界定的任务和结果的记录与报告。过程性能参数在分析中没有不同，这是因为反复运行 ASPEN 模拟是有难度的。我们计划发展一种使用于 Monte Carlo 工艺参数的分析方法，使我们可以将经济效益与研究的不确定性以及经济前景的不明朗联系起来。

4.6.2 参数估计

概率曲线的定义有以下 5 个参数：秸秆成本、超额电力值、酶的价格、预处理反应器的采购价格和工程应急。其中 3 个参数（秸秆成本、超额电力值和酶的价格）直接影响运行成本；其他 2 个（预处理反应器的采购价格和工程应急）影响资金总额和固定运行成本。表 40 显示了这 5 个参数的分布。

表 40 Monte Carlo 分析的输入参数分布

	秸秆成本	超额电力值	酶的价格	预处理反应器的采购价格	工程应急
函数分布	三角	标准	三角	正态分布	三角
最大可能*	30 美元/干吨	0.04 美元/kWh	0.10 美元/gal 乙醇	2 457 000gal	3%
标准偏差	—	0.008 美元/kWh	—	500 000gal	—
最小值	25 美元/干吨	0.02 美元/kWh	0.07 美元/gal 乙醇	0gal	2%
最大值	50 美元/干吨	无限大	0.20 美元/gal 乙醇	无限大	25%

* 针对标准分布和正态分布。

在所有情况下，最有可能的输入值是标准模型值，这已在前面章节中叙述过。

上述概率分布使用的是 2000 次反复。对于每一次反复，所有 5 个参数是随机不同的，即根据界定值的分布和相应计算并记录出的结果而定。

4.7 结果

乙醇的最低售价、项目总投资和这些因素的影响后果都被记录下来，所有结果都是基于以上不同值中的最小值。很明显，除了目前正在上报的经济参数，一旦性能参数也可以调查出，将产生一个更好的分析方法。

图 22 是一个乙醇最低售价的直方图，它显示了 MESP 的 90%置信区间是 1.06～1.29 美元/gal。图 23 是该 MESP 的概率曲线，它显示了有 7%的概率是 1.07 美元/gal 或更少，而且它有一个 50%的概率是 1.17 美元/gal 或更少。

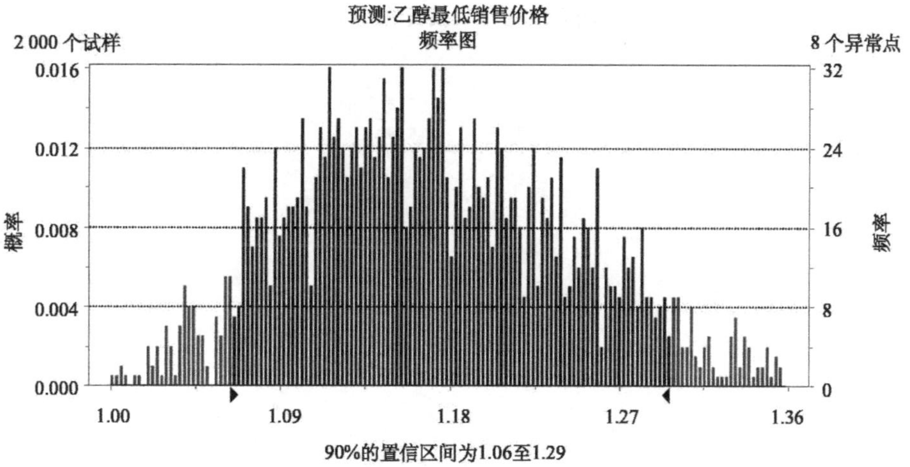

图 22 最低乙醇销售价格（MESP）的直方图

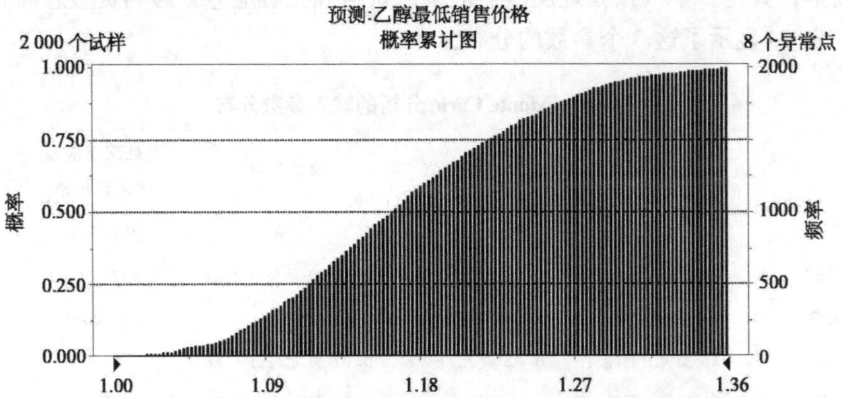

图 23　最低乙醇销售价格（MESP）的概率曲线

图 24 是一个项目总投资的直方图，它显示了 TPI90%的置信区间为 192 000 000～223 000 000 美元。

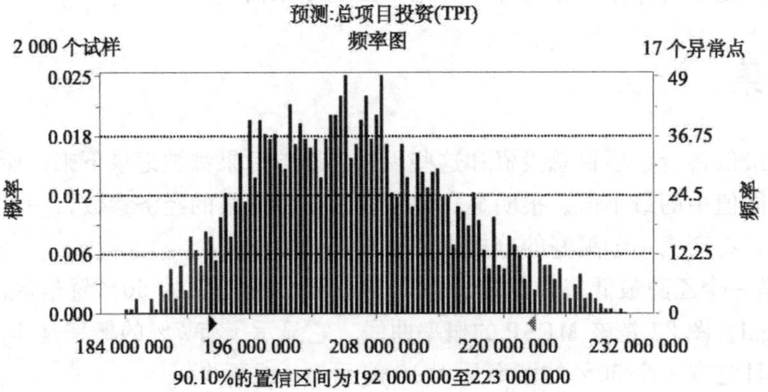

图 24　总项目投资的直方图

5 模型的改进与扩展

我们在这里所描述的工艺流程设计和经济模式不是一个静态的工具。不仅模型中的信息会不断改良，而且计算的技术和能力的范围也将扩大。以下简要概述了目前正在进行或计划进行的工作。

5.1 水平衡和优化

过程中水的高效利用可以显著降低总成本。使用某些替代方案可减少废水处理的成本，例如，一种按废水类型不同进行拆分处理的方法，可能比现有的方法更有效。整个进程的水回收系统还将进行评估，以确定最佳的利用不同等级处理水的方法。

5.2 发酵 pH 控制

生物催化过程的最佳操作条件范围很窄。微生物的代谢途径依赖于温度、pH、抑制剂及其他许多参数。两个乙醇发酵的副产品——乙酸和乳酸，会导致 pH 的下降。此外，一些杂菌也可能会产生额外的有机酸。目前的过程模型没有涉及维持最佳 pH 的有机酸中和反应。

5.3 废气排放

有几个工段的废气排放是值得关注的问题。发酵过程产生挥发性有机物（VOC）和乙醇。必须确保这些气体用洗涤或其他方法进行充分的处理。燃烧木质素会产生 SO_x、NO_x 和微粒。这些气体的产生途径和排放量决定着是否有必要寻找替代的或改进的处理方法。如排放量超过美国环保局关于生物质制乙醇限额量时，就应引起高度重视。

5.4 温室气体排放

二氧化碳是发酵的一种副产物。木质素的燃烧产生的 N_2O、CO 和 CO_2 也被认为是温室气体。生物质制乙醇排放的温室气体包括二氧化碳（CO_2）、氮氧化物（N_2O）和甲烷（CH_4），以及其他可能的温室气体。但 CO_2、N_2O 和 CH_4 是最典型的。CO_2 是工厂排放物中主要的温室气体，它是木质素残渣在锅炉中燃烧产生的产物或葡萄糖发酵制乙醇的副产物。因为 CO_2 迄今为止对气候变化影响最显著，一般以它为标准来界定其他温室气体对全球变暖的影响。换句话说，假定 CO_2 对全球变暖趋势影响（GWP）是 1，排放的 N_2O（在此工厂）整体较低，那么它就有一个高 GWP 值，即 1gN_2O 相等于

360g 的 CO_2。甲烷也是一种强力的温室气体，1g 的甲烷相当于 24g 的 CO_2。氮氧化物和其他空气污染物也可能影响气候变化，但其影响值相对于 CO_2 的 GWP 值来说非常小。

5.5　木质素气化和燃气轮机发电

另一种木质素燃烧产生蒸汽和电力的简单方法是结合蒸汽轮机气化木质素，以及使用燃气涡轮发电。这项被称为综合气化联合循环（IGCC）发电的技术，目前正在通过美国能源部生物质发电计划进行推广。目前这项技术正在被改良，使它可以与传统的木质素燃烧进行比较。

5.6　玉米秸秆的物性

由于 NREL 工程大多与玉米秸秆有关，因此期望能不断扩大对其组成和性能的认识。这方面的信息将会进行质量守恒和能量平衡计算以改善其预测能力，并为该工艺过程的能量平衡提供更好的描述。

参考文献

1 Wooley, R. , M. Ruth, J. Sheehan, K. Ibsen, "Lignocellulosic Biomass to Ethanol Process Design and Economics Utilizing Co-Current Dilute Acid Prehydrolysis and Enzymatic Hydrolysis Current and Futuristic Scenarios," NREL report TP-580-26157, July 1999. http: //www. ott. doe. gov/biofuels/process _ engineering. html

2 "Wastewater Treatment Options for the Biomass-To-Ethanol Process," NREL Subcontract AXE-8-18020-01, Merrick & Company, Aurora, CO, February 24, 1998. http: //www. ott. doe. gov/biofuels/process _ engineering. html

3 "Steam and Electricity Generation Options For the Biomass-To-Ethanol Process," NREL Subcontract ACO-8-18019-01, Reaction Engineering International, Salt Lake City, UT, March 16, 1998. http: //www. ott. doe. gov/biofuels/process _ engineering. html

4 ASPEN PlusTM, Release 10. 2, Aspen Technology, Inc. , Cambridge, MA, February 2000.

5 Wooley, R. J. and V. Putsche, "Development of an ASPEN PLUS Physical Property Database for Biofuels Components," NREL, Golden, CO, Report MP-425-20685, April 1996. http: //www. afdc. doe. gov/pdfs/3955. pdf

6 Garrett, D. E. , Chemical Engineering Economics, Van Nostrand Reinhold, New York, 1989.

7 Riley, C. and D. Schell. Technical and Economic Analysis of an Enzymatic Hydrolysis Based Ethanol Plant. Solar Energy Research Institute Internal Report. Golden, CO, 1991.

8 Sheehan, J. et al. Is ethanol from corn stover a sustainable fuel? A Case Study in Cyber Farming. National Renewable Energy Laboratory, Golden, CO. In Press.

9 Glassner, D. , J. Hettenhaus, T. Schechinger, "Corn Stover Collection Project," in BioEnergy ' 98—Expanding Bioenergy Partnerships: Proceedings, Volume 2, Madison, WI, pp 1100-1110, 1998. http: //www. afdc. doe. gov/pdfs/5149. pdf.

10 Ruth, M. , "Large Scale Ethanol Facilities and Short Cut for Changing Facility Size," Internal Report, National Renewable Energy Laboratory Technical Memo, October 1999.

11 Walsh, M. E. , et al, "Biomass Feedstock Availability in the United States: 1999 State Level Analysis", Bioenergy Information Network, Bioenergy Feedstock Development Program, Oak Ridge National Laboratory, January 2000. http: //bioenergy. ornl. gov/resourcedata/

12 Two separate batches of corn stover were received from B/MAP in May and November 2001. Sample analysis from totes 10, 7, 11 and 6 were used from the May batch. Sample analysis for Sunds runs P011211CS and B/MAP sample 112901CS were used from the November batch.

13 Thomas, S. et al, "Estimating the Effects of Compositional Variation on Biomass Conversion Process economics," Internal Report, National Renewable Energy Laboratory C milestone report to DOE, October 2001.

14 Templeton, D. ; Hames, B. ; Ruth, M. ; Wiselogel, A. ; McMillan, J. "Determine Compositional Stability of Corn Stover during Outdoor Storage: Year One Results," NREL milestone report to DOE, April 2000.

15 Templeton, D. , B. Hames, J. McMillan, "Compositional and Storage Stability Study: Year 2 Results," Internal Report, National Renewable Energy Laboratory P milestone report to DOE, July 2001.

16 "Baled Feedstock Handling System," report no. 99-10600/13, NREL Subcontract ACO-9-29067-01, Harris Group Inc. , Seattle, WA, October 11, 2001. http: //www. ott. doe. gov/biofuels/process _ engineering. html

17 "Continuous Acid Hydrolysis Reactor," report no. 99-10600/17, NREL Subcontract ACO-9-29067-01, Harris Group Inc. , Seattle, WA, January 22, 2001. http: //www. ott. doe. gov/biofuels/process _ engineering. html

18 Hayden, J. G. , and J. P. O' Connell, "A Generalized Method for Predicting Second Virial Coefficients," IEC Process. Des. Dev. , 14 (3), 209, 1975.

19 "Liquid/Solid Separation'" report no. 99-10600/14, NREL Subcontract ACO-9-29067-01, Harris Group Inc. , Se-

attle, WA, March 6, 2001.

20 Ranatunga, T. D. , J. Jervis, R. F. Helm, J. D. McMillan, and C. Hatzis. "Identification of Inhibitory Components Toxic Toward Zymomonas mobilis CP4 (pZB5) Xylose Fermentation," Appl. Biochem. Biotechnol. 67: 185-198, 1997 defines the hold time to be 30 minutes. The time is increased to 1 hr in the model to allow for reduced heating rates and different reaction kinetics in a large continuous stirred-tank reactor (CSTR) .

21 H. Majdeski, Delta-T, Williamsburg, VA, personal experience in the flue gas desulfurization industry, 1998.

22 Letter to B. Bunner, Delta-T Corporation, Williamsburg, VA, from A. Bowser, Komline-Sanderson Limited, Peapack, NJ, August 1998.

23 ICARUS Process Evaluator, Version 4. 0, ICARUS Corporation, Rockville, MD, June 30, 1997.

24 Jechura, J. "Correlation of Metal Corrosion Data," Internal Report, National Renewable Energy Laboratory Technical Memo, March 2001.

25 Near-term Ethanol prehydrolysis run in NREL' s Sunds reactor. Run #P001207CS Carbon Balance Point 2. Limited discussion of this run in "Preliminary Investigation of Corn Stover Pretreatment Using Dilute Sulfuric Acid" by D. Schell, Internal Report, National Renewable Energy Laboratory, July 2001.

26 Nguyen, Q. , "Summary of Corn Stover Pretreatment using the 4-L Steam Gun," run number CS000914-02, Internal Report, National Renewable Energy Laboratory Technical Memo, March 2002.

27 The Sunds reactor in the PDU has been run at approximately 30% solids in several recent runs, most recently in March 2002, run number P020311CS #5. Compositional analysis of pretreated material from these runs suggests that some of the lignin is being solublized; although rigorous mass balances to determine the lignin fate have not been completed to date.

28 Leonard, R. H. and G. J. Hainy, Industrial and Engineering Chemistry, vol. 37 no. 4, pp. 390-395, 1945.

29 Ranatunga, T. D. , J. Jervis, R. F. Helm, J. D. McMillan, and R. J. Wooley, "The overliming of dilute acid pretreated lignocellulosics, Part 1. The fate of inorganics, uronic acids and ether soluble organics," submitted to Enzyme and Microbial Technology, 1999.

30 Walker, L. P. and D. B. Wilson, "Enzymatic Hydrolysis of Cellulose: An Overview," Bioresource Technology 36: 3-14, 1991.

31 Zhang, M. , C. Eddy, K. Deanda, M. Finkelstein, and S. Picataggio, "Metabolic Engineering of a Pentose Metabolism Pathway in Zymomonas mobilis," Science, 267: 240-243, 1995.

32 Kadam, K. , "Evaluation of Potential Strains for Corn stover to Ethanol Conversion," Internal Report, National Renewable Energy Laboratory Technical Memo, December 2001. Several research groups' papers are listed in the bibliography that discuss different strain work.

33 McMillan, J. ; Tucker, M. ; Hayward, T. ; Newman, M. ; Ruth, M. ; Farmer, J. "Demonstrate process technology meeting or exceeding process qualifier performance in the mini-pilot biochemical conversion system and assess continuous SSCF performance to recommend future work," Internal Report, National Renewable Energy Laboratory C milestone to DOE, October 1997. Duplicate SSCF runs were demonstrated in the mini pilot fermentation system using an initial total solids loading of almost 20%.

34 This is the titer of the enzyme used in the NREL pilot facility, purchased from Iogen in 1995.

35 McMillan, J. D. , M. P. Tucker, T. K. Hayward, C. Hatzis, and D. Glassner. "Process Qualifier Milestone," Internal Report, National Renewable Energy Laboratory, Golden, CO, 31 August 1996, Experiment PD 23 #3.

36 McMillan, J. D. , M. P. Tucker, T. K. Hayward, C. Hatzis, and D. Glassner. "Process Qualifier Milestone," Internal Report, National Renewable Energy Laboratory, Golden, CO, 31 August 1996, Experiment PD 23 #3. PD 23 #3 utilized a 24-hr residence time for seed production.

37 Kern, D. Q. , Process Heat Transfer, McGraw-Hill, New York, 1950, pp. 720-723.

38 The seed reaction yields were assumed to be the same as fermentation yields in the ethanol production fermentors with increased cell mass production. Therefore the cell mass production was increased to 4% from both glucose and xylose and the xylose to products yield was reduced to allow more xylose to be converted to cell mass.

39 The CSL loading used in McMillan, J. D. , M. P. Tucker, T. K. Hayward, C. Hatzis, and D. Glassner, Process Qualifier Milestone, August 31, 1996, experiment PD 23 #3 was 1% clarified CSL. The experiment titled Nutrient Screen #2 for recombinant Zymo 39676pZB4L conducted by the Enzymatic Process Development (EPD) team during fiscal year 1998 showed that 0. 25% CSL was as effective as 1% CSL, so 0. 25% CSL is used in the model.
40 Diammonium phosphate (DAP) is an inorganic nutrient typically added to SSCF experiments for nitrogen augmentation. It is typically provided at a concentration of 0. 33 g/L as evident by Newman, M. "Three dry nutrient supplements obtained from the Marcor Corporation were tested and growth curves compared to media containing liquid CSL using the adapted strain rZymomonas39676 (pZB 4L)", Internal Report, National Renewable Energy Laboratory, Golden, CO, 20 September 2000. Notebook #2301, pp. 80-84. EPD experiment #EPD0007.
41 A loss of 3% of the fermentable sugars to non-ethanol products, such as lactic acid, is estimated based on conversations with corn ethanol producers who indicate they can tolerate a contamination loss less then 3%.
42 G. Brodl, P. Tetarenko, Vogelbusch, USA, personal communications with M. Ruth, 1998.
43 Combs, N. , McMillan, J. "LAP Procedures #8 -SSF Experimental Protocols: Lignocellulosic Biomass Hydrolysis and Fermentation," Published Procedure, 30 October 2001. http: //www. afdc. doe. gov/pdfs/4691. pdf. The LAP analysis resulted in 87. 2% measured conversion of insoluble glucan to ethanol. Assuming 3% loss of converted sugars to non-ethanol pathway products (e. g. , cell mass and glycerol), the insoluble glucan to glucose conversion is 90%. The other yields were measured in a full mass-balanced experiment on yellow poplar that is listed in the reference.
44 Dowe, N. , "EPD0005: A Material Balance of the SSCF Using Whole In-house Cellulase Broth and Partially Washed Pretreated Yellow Poplar," Internal Report, National Renewable Energy Laboratory Experimental Report, March 2002.
45 Aersten, F. , and G. Street, Applied Chemical Process Design, Plenum Press, New York, 1978.
46 "Wastewater Treatment Options for the Biomass-To-Ethanol Process," NREL Subcontract AXE-8-18020-01, Merrick & Company, Aurora, CO, February 24, 1998. http: //www. ott. doe. gov/biofuels/process _ engineering. html pp. 9-10. Three samples were analyzed for components and tested (in triplicate) for COD. The COD calculated from composition was 28, 398 mg/L and the average measured CID was 27, 199 mg/L.
47 http: //my. ohio. voyager. net/~combs/arr/fp/tankcars. html
48 "Baled Feedstock Handling System," report no. 99-10600/13, NREL Subcontract ACO-9-29067-01, Harris Group Inc. , Seattle, WA, October 11, 2001. Found in Appendix G, vendor is Northwest Handling Systems, Inc. http: //www. ott. doe. gov/biofuels/process _ engineering. html
49 "Biomass-To-Ethanol Total Energy Cycle Analysis," NREL Subcontract RCN 213-185-01-00 Final Report, Radian Corporation, Austin, TX, November 22, 1991. http: //www. ott. doe. gov/biofuels/process _ engineering. html
50 Fluidized Bed Combustion and Gasification: A Guide for Biomass Waste Users, Southeastern Regional Biomass Energy Program, FBT, Inc and Tennessee Valley Authority, Muscle Shoals, AL, July 1994. http: //www. ott. doe. gov/biofuels/process _ engineering. html
51 K. Ibsen, personal experience based on literature survey focused toward biomass residue combustion, 1998.
52 "Economic Feasibility Study of an Acid Hydrolysis-Based Ethanol Plant," NREL subcontract ZX-3-03096-2 Final Report, Badger Engineers, Inc. , Cambridge, MA, April 1987. http: //www. ott. doe. gov/biofuels/process _ engineering. html
53 "ASPEN Modeling of the NREL Boiler/Turbogenerator Systems," NREL Consultant Agreement CXL-8-18051-01, Final Report, V. Putsche, February 1998.
54 Babcock & Wilcox, 1978, Steam: It' s Generation and Use Thirty-ninth Edition. Babcock & Wilcox Company, New York, NY, p. 34/10-16.
55 Phillippek, C. et al, 1997. "NOx Formation and Reduction During Combustion of Wet Sewage Sludge in the Circulating Fluidized Bed," 1997 Fluidized Bed Combustion vol. 2, ASME 1997.
56 Process Plant Construction Estimating Standards, electronic version section 100-374, Richardson Engineering Serv-

ices, Inc. , Mesa, AZ, 1999.

57 "Biomass to Ethanol Process Evaluation," NREL Final Subcontract Report, Chem Systems, Tarrytown, NY, Appendix V, December 1994. http: //www. ott. doe. gov/biofuels/process _ engineering. html

58 W. Campbell, Foster Wheeler Corporation, Cost Quotation, Proposal 0-02-43731, to V. Putsche, NREL, September 30, 1994.

59 "Technical and Economic Evaluation: Wood to Ethanol Process," SERI Subcontract Report, Chem Systems, Tarrytown, NY, August 1990. http: //www. ott. doe. gov/biofuels/process _ engineering. html

60 Sheehan, J. , "Analysis of Regional Conditions for Cooling Water Used in Ethanol Production Technology," Internal Report, National Renewable Energy Laboratory, Golden, CO, January 1998.

61 MacFarlane, B. , "Calculation of an Overall Carbon Balance for the Ethanol Production Process," Internal Report, National Renewable Energy Laboratory Technical Memo, June 2001.

62 MacFarlane, B. , "Calculation of the Overall Energy Balance for the Ethanol Production Process," Internal Report, National Renewable Energy Laboratory Technical Memo, December 2001.

63 Peters, M. S. and K. D. Timmerhaus, Plant Design and Economics for Chemical Engineers, 4th Edition, McGraw-Hill, Inc. , New York, 1991.

64 "Biomass to Ethanol Process Evaluation," NREL Final Subcontract Report, Chem Systems, Tarrytown, NY, December 1994. http: //www. ott. doe. gov/biofuels/process _ engineering. html

65 Walas, S. M. , Chemical Process Equipment Selection and Design, Butterworth Publishing, 1988.

66 "Process Design and Cost Estimate of Critical Equipment in the Biomass to Ethanol Process," NREL Final Subcontract Report, Harris Group Inc. , Seattle, WA, March 2001.

67 Energy Information Administration, Annual Energy Outlook 2001 with Projections to 2020. U. S. Department of Energy, Washington, DC, 2000. http: //www. eia. doe. gov/oiaf/aeo/

68 "Chemical Engineering Plant Cost Index," Chemical Engineering, January 2001.

69 "Biomass to Ethanol Process Evaluation," NREL Final Subcontract Report, Chem Systems, Tarrytown, NY, p. VI-3, December 1994.

70 "U. S. Producer Price Indexes - Chemicals and Allied Products/Industrial Inorganic Chemicals Index," from the Chemical Economics Handbook, published by SRI Consulting, a division of SRI International, Menlo Park, CA, October 1997.

71 Bureau of Labor Statistics Data Web site (www. stats. bls. gov), National Employment, Hours, and Earnings Catalog, Industry: Chemicals and Allied Products. Series ID: EEU32280006, Years: 1980 -2000, annual average. Data extracted on March 1, 2001.

72 Short, W. , D. J. Packey, and T. Holt, "A Manual for the Economic Evaluation and Energy Efficiency and Renewable Energy Technologies," National Renewable Energy Laboratory, Golden, CO, Report TP-462-5173, p. 7, March 1995.

73 Short, W. , D. J. Packey, and T. Holt, "A Manual for the Economic Evaluation and Energy Efficiency and Renewable Energy Technologies," National Renewable Energy Laboratory, Golden, CO, Report TP-462-5173, p. 19, March 1995.

74 Short, W. , D. J. Packey, and T. Holt, "A Manual for the Economic Evaluation and Energy Efficiency and Renewable Energy Technologies," National Renewable Energy Laboratory, Golden, CO, Report TP-462-5173, pp. 20-21, March 1995.

75 Perry, R. H. , and D. W. Green, Perry' s Chemical Engineers' Handbook, 7th Edition, McGraw-Hill, New York, pp. 9-76, 1997.

76 Gary, J. H. , and G. E. Handwerk, Petroleum Refining, Technology and Economics, 3rd Edition, Marcel Dekker, Inc. , New York, 1994.

77 Ibsen, K. "Publish results of Bridge to Corn Ethanol Subcontracts," Internal Report, National Renewable Energy Laboratory P milestone, February 2001.

78 Reported as runs #1 and #2 in Schell, D. J. , J. Farmer, M. Newman, and J. D. McMillan. "Dilute Sulfuric Acid Pretreatment of Corn Stover in a Pilot-Scale Reactor: Investigation of Yields, Kinetics, and Solids Enzymatic Digestibilities" presented at the Twenty-Fourth Symposium on Biotechnology for Fuels and Chemicals (Gatlinburg, TN, April-May 2002) and submitted to the conference proceedings which will be published in the Spring 2003 edition of Applied Biochemistry and Biotechnology.

79 Comments from ethanol producers to J. Ashworth at the Enzyme Sugar Platform gate review meeting held in 2002 suggest that $0.02/kWh is in the range for long term power purchase and sales contracts in key states (Nebraska, Kansas) . $0.06/kWh is below the industrial rate of many East coast utilities currently, so it represents a reasonable high-end value.

80 Douglas, Larry J. "Monte Carlo Simulation as a Research Management Tool." TAPPI Proceedings of the 1986 Research and Development Conference. pp. 65-71.

81 Akerberg, Christina; and Zacchi, G. "An economic evaluation of the fermentation production of lactic acid from wheat flour." Bioresource Technology 75 (2000) 119-126.

82 Crystal BallTM, Release 2000.1 Professional Edition, Decisioneering, Inc. , Denver, CO, September 2000.

83 Excel TM, Release 2000, Microsoft Corporation, Seattle, WA, 2000.

附录　生物质转化生产乙醇的工艺流程图

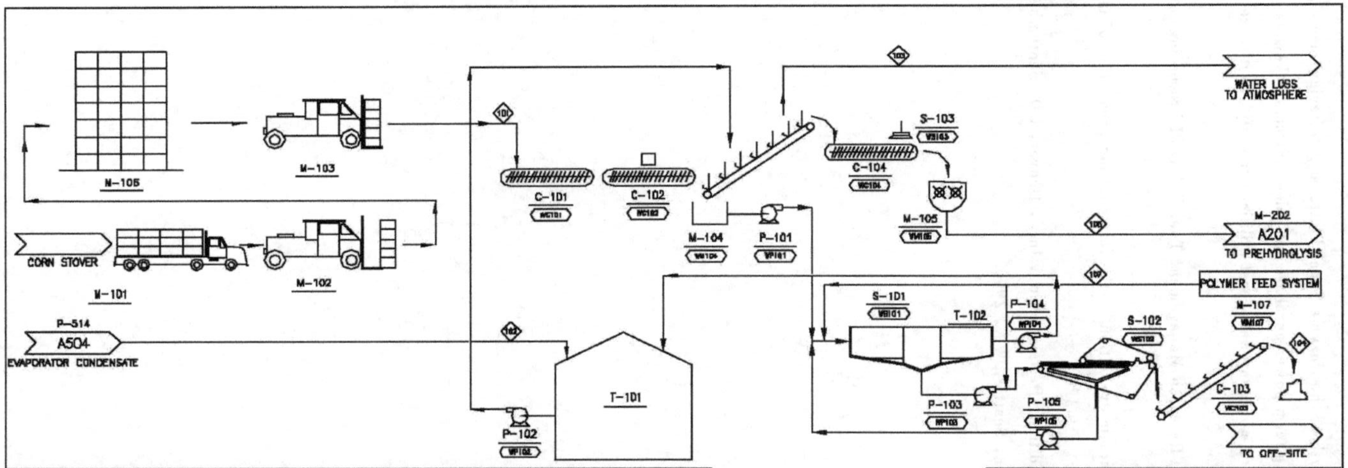

COMPONENT	UNITS	101	102	103	104	105	107
Total Flow	kg/hr	98,039	43,017	11,400	1,009	128,676	28
Insoluble Solids	%	77.0%	0.0%	0.0%	0.0%	39.0%	0.0%
Soluble Solids	%	7.6%	0.1%	0.1%	0.1%	5.8%	0.0%
Temperature	C	20	74	74	74	45	20
Pressure	atm	1.00	3.00	1.00	1.00	1.00	1.00
Vapor Fraction		0.00	0.00	0.00	0.00	0.00	0.00
Ethanol	kg/hr		31	8	1	22	
Water	kg/hr	14,706	42,546	11,275	970	45,007	
Glucose (SS)	kg/hr						
Xylose (SS)	kg/hr		0	0	0	0	
Arabinose (SS)	kg/hr		0				
Other Sugars (SS)	kg/hr						
Cellobiose (SS)	kg/hr						
Glucose Oligomers (SS)	kg/hr						
Xylose Oligomers (SS)	kg/hr		0	0	0	0	
Other Oligomers (SS)	kg/hr						
Corn Steep Liquor (SS)	kg/hr		58	15	1	41	
Others (Soluble Solids)	kg/hr	7,417				7,417	
Acetic Acid	kg/hr		325	86	7	232	
Sulfuric Acid	kg/hr		0	0	0	0	
Furfural	kg/hr		48	13	1	34	
HMF	kg/hr		7	2	0	5	
Carbon Dioxide	kg/hr						
Methane	kg/hr						
Oxygen	kg/hr						
Nitrogen	kg/hr						
Others	kg/hr		2	0	28	1	28
Cellulose (IS)	kg/hr	31,187				31,187	
Xylan (IS)	kg/hr	17,570				17,570	
Arabinan (IS)	kg/hr	2,435				2,435	
Other Sugar Polymers (IS)	kg/hr	2,919				2,919	
[illegible] (IS)	kg/hr						
[illegible] (IS)	kg/hr						
Zymo (IS)	kg/hr						
Lignin (IS)	kg/hr	15,002				15,002	
Gypsum (IS)	kg/hr						
Ca(OH)2 (IS)	kg/hr						
Others (Insoluble Solids)	kg/hr	6,804				6,804	
Enthalpy Flow (millions)	Kcal/hr	-170.1	-160.0	-42.4	-3.8	-284.0	-0.1
Average Density	g/ml	1.4709	0.9442	0.9443	0.9443	1.3433	0.9980

Work Stream No.	kW	Work Stream No.	kW
WC101	55.93	WP102	74.09
WC102	11.18	WP103	2.94
WC103	2.80	WP104	37.05
WC104	11.18	WP105	1.18
WM104	83.90	WS101	5.59
WM105	1118.56	WS102	4.19
WM107	25.00	WS103	0.00
WP101	37.06		

Eq. No.	Equipment Name	Req.	Spare	Equipment Type	Mat. Const.
C-101	Bale Transport Conveyor	2		BELT	CS
C-102	Bale Unwrapping Conveyor	2		BELT	CS
C-103	Belt Press Discharge Conveyor	1		BELT	CS
C-104	Shredder Feed Conveyor	4		BELT	CS
M-101	Truck Scales	2		TRUCK-SCALE	CONCRETE
M-102	Truck Unloading Forklift	4	1	LOADER	
M-103	Bale Moving Forklift	4		LOADER	
M-104	Corn Stover Wash Table	2			A283
M-105	Shredder	4			ALLOY STEEL
M-106	Concrete Feedstock-Storage Slab	1		CONCRETE-SLAB	CONCRETE
M-107	Polymer Feed System	1		MISCELLANEOUS	CS
P-101	Wash Table Pump	2	1	CENTRIFUGAL	CS;RUBBER
P-102	Wash Water Pump	2	1	CENTRIFUGAL	CS;SS316
P-103	Clarifier Underflow Pump	1	1	RECIPROCATING	CS;RUBBER
P-104	Clarified Water Pump	1	1	CENTRIFUGAL	CS;SS316
P-105	Belt Press Sump Pump	1	1	SLURRY	CS
S-101	Clarifier Thickener	1			CS
S-102	Belt Press	1		FILTER-PRESS	304SS; FILTER
S-103	Magnetic Separator	1		MAGNET	
T-101	Wash Water Tank	1		VERTICAL-VESSEL	CS
T-102	Clarifier Thickener Tank	1		CLARIFIER	CEMENT

NATIONAL RENEWABLE ENERGY LABORATORY
Biotechnology Center For Fuels And Chemicals
SECTION A100
CORN STOVER FEED HANDLING
10203L.xls
PFD-P110-A101　B

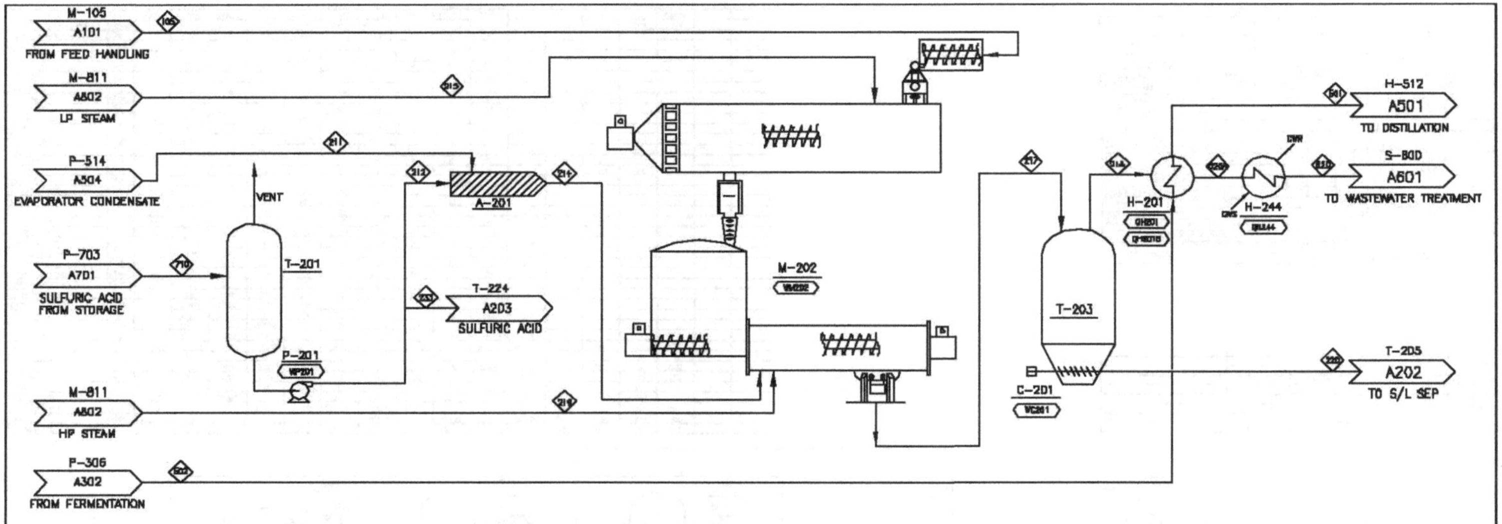
M-105
A101
FROM FEED HANDLING
M-811
A802
LP STEAM
P-514
A304
EVAPORATOR CONDENSATE
P-703
A701
SULFURIC ACID
FROM STORAGE
M-811
A802
HP STEAM
P-306
A302
FROM FERMENTATION
VENT
T-201
P-201
A-201
T-224
A203
SULFURIC ACID
M-202
T-203
C-201
H-201
H-244
H-512
A501
TO DISTILLATION
S-800
A601
TO WASTEWATER TREATMENT
T-205
A202
TO S/L SEP

COMPONENT	UNITS	105	211	212	214	215	216	217	218	220	233	501	502	520	520A	710		
Total Flow	kg/hr	128,676	99,344	2,104	101,447	11,507	37,234	278,865	53,152	225,713	1,185	449,353	449,353	53,152	53,152	3,288		
Insoluble Solids	%	59.0%	0.0%	0.0%	0.0%	0.0%	0.0%	17.2%	0.0%	21.3%	0.0%	5.0%	5.0%	0.0%	0.0%	0.0%		
Soluble Solids	%	3.8%	0.1%	0.0%	0.1%	0.0%	0.0%	12.0%	0.1%	15.0%	0.0%	3.6%	3.6%	0.1%	0.1%	0.0%		
Temperature	C	45	74	20	74	164	268	190	101	101	20	95	41	30	100	20		
Pressure	atm	1.00	3.00	3.40	4.00	4.42	13.00	12.05	1.00	1.00	3.40	4.00	0.90	1.00	1.00	1.00		
Vapor Fraction		0.00	0.00	0.00	0.00	1.00	1.00	0.00	1.00	0.00	0.00	0.00	0.00	0.00	0.00	0.00		
Ethanol	kg/hr	22	71		71			93	73	20		24,825	24,825	73	73			
Water	kg/hr	43,007	98,256		98,256	11,507	37,234	189,218	52,244	136,974		374,828	374,828	52,244	52,244			
Glucose (SS)	kg/hr							2,426		2,426		82	82					
Xylose (SS)	kg/hr	0	0		0			17,969	0	17,969		909	909	0	0			
Arabinose (SS)	kg/hr		0		0			2,490	0	2,490		217	217	0	0			
Other Sugars (SS)	kg/hr							2,919		2,919		254	254					
Cellobiose (SS)	kg/hr							230		230		360	360					
Glucose Oligomers (SS)	kg/hr							291		291		1,853	1,853					
Xylose Oligomers (SS)	kg/hr	0	0		0			500	0	500		646	646	0	0			
Other Oligomers (SS)	kg/hr							750		750		969	969					
Corn Steep Liquor (SS)	kg/hr	41	133		133			174	48	126		1,459	1,459	48	48			
Others (Soluble Solids)	kg/hr	7,417						7,417		7,417		9,381	9,381					
Acetic Acid	kg/hr	232	751		751			3,426	268	3,158		5,258	5,258	268	268			
Sulfuric Acid	kg/hr	0	0	2,104	2,104			2,104	0	2,104	1,185	154	154	0	0	3,288		
Furfural	kg/hr	34	111		111			727	449	278		576	576	449	449			
HMF	kg/hr	5	17		17			114	70	43		90	90	70	70			
Carbon Dioxide	kg/hr											440	440					
Methane	kg/hr																	
Oxygen	kg/hr											0	0					
Nitrogen	kg/hr											0	0					
Others	kg/hr	1	4		4			5	0	5		4,276	4,276	0	0			
Cellulose (IS)	kg/hr	31,187						28,567		28,567		1,365	1,365					
Xylan (IS)	kg/hr	17,570						439		439		439	439					
Arabinan (IS)	kg/hr	2,435						61		61		61	61					
Other Sugar Polymers (IS)	kg/hr	2,919						73		73		73	73					
Cellulase (IS)	kg/hr											650	650					
Biomass (IS)	kg/hr											0	0					
Zymo (IS)	kg/hr											1,088	1,088					
Lignin (IS)	kg/hr	15,002						14,251		14,251		14,252	14,252					
Gypsum (IS)	kg/hr											28	28					
$Ca(OH)_2$ (IS)	kg/hr																	
Others (Insoluble Solids)	kg/hr	6,804						4,620		4,620		4,620	4,620					
Enthalpy Flow (millions)	Kcal/hr	-284.0	-369.5	-4.1	-373.6	-36.2	-115.2	-809.0	-166.8	-642.2	-2.3	-1488.8	-1510.9	-198.6	-195.0	-6.4		
Average Density	g/ml	1.3433	0.9442	1.8166	0.9489	0.0022	0.0053	0.9973	0.0006	1.1246	1.8166	0.9585	0.9320	0.9903	0.9195	1.8166		

Heat Stream No.	MM kcal/hr	Work Stream No.	kW
QH201	-0.19	WC201	37.08
QH201B	-22.31	WM202	699.80
QH244	3.64	WP201	1.16

Eq. No.	Equipment Name	Req.	Spare	Equipment Type	Mat Cnst.
A-201	In-line Sulfuric Acid Mixer	1			SS304
C-201	Hydrolyzate Screw Conveyor	1		SCREW	SS316
H-201	Beer Column Feed Economizer	2	1	SHELL-TUBE	304SS
H-244	Waste Vapor Condenser	2	1	SHELL-TUBE	304SS
M-202	Prehydrolysis/Screw Feeder/Reactor	3		VESSEL W/ PADDLES	[illegible]
P-201	Sulfuric Acid Pump	1	1	CENTRIFUGAL	SS304
T-201	Sulfuric Acid Tank	1		VERTICAL-VESSEL	PLASTIC
T-203	Blowdown Tank	1		VERTICAL-VESSEL	SS316

NATIONAL RENEWABLE ENERGY LABORATORY

Biotechnology Center For Fuels And Chemicals

SECTION A200
PREHYDROLYSIS

I0203I.xls | PFD-P110-A201 | B

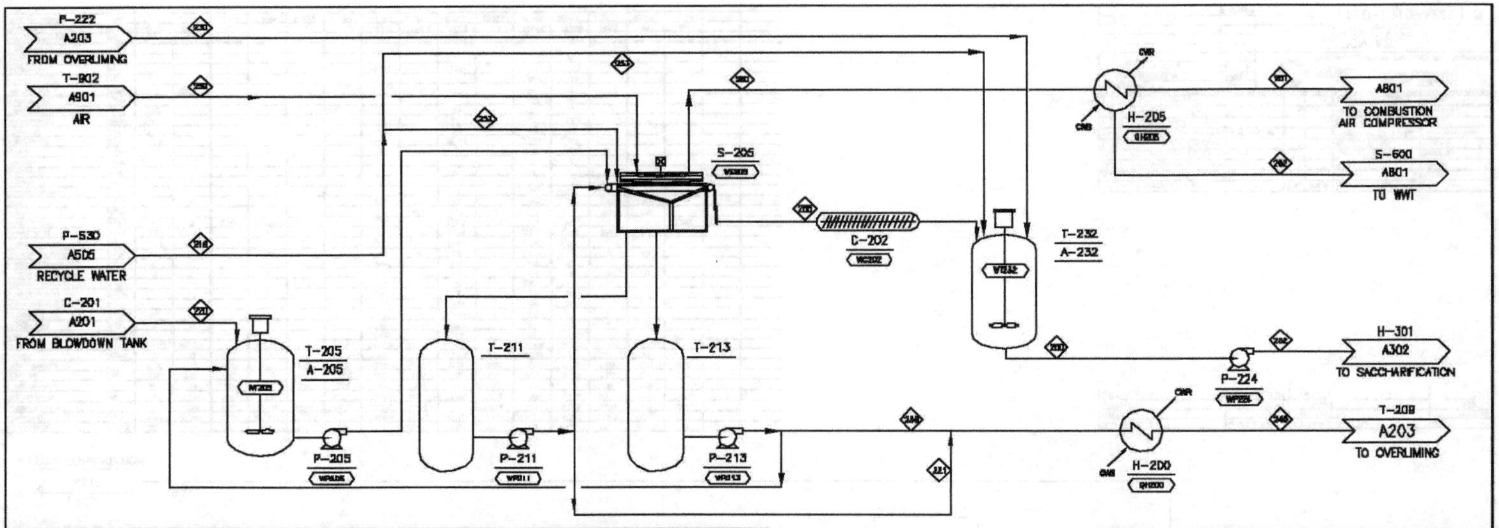

COMPONENT	UNITS	219	220	221	230	232	240	250	252	253	255	256	259	260	261	262
Total Flow	kg/hr	207,096	225,713	138,563	265,125	428,764	268,762	428,764	130,913	76,182	87,456	130,199	4,687	5,094	4,894	200
Insoluble Solids	%	0.2%	21.3%	0.2%	0.0%	11.2%	0.1%	11.2%	0.2%	0.2%	34.9%	0.0%	0.0%	0.0%	0.0%	0.0%
Soluble Solids	%	1.7%	15.6%	19.7%	13.1%	9.0%	13.0%	9.0%	1.7%	1.7%	2.7%	5.9%	0.0%	0.0%	0.0%	0.0%
Temperature	C	46	101	101	53	51	50	51	46	46	50	55	40	50	38	38
Pressure	atm	1.00	1.00	1.00	1.00	1.00	1.00	1.00	1.00	1.00	1.00	1.00	9.51	1.00	1.00	1.00
Vapor Fraction		0.00	0.00	0.00	0.00	0.00	0.00	0.00	0.00	0.00	0.00	0.00	1.00	1.00	1.00	0.00
Ethanol	kg/hr	28	20	15	36	47	36	47	18	10	1	21		0	0	0
Water	kg/hr	200,466	136,974	106,622	225,312	335,811	226,537	335,811	126,722	73,744	36,753	119,915		404	265	199
Glucose (SS)	kg/hr	19	2,426	1,888	2,263	2,432	2,275	2,432	12	7	163	387				
Xylose (SS)	kg/hr	220	17,969	13,987	16,806	18,087	16,898	18,087	132	77	1,204	2,910				
Arabinose (SS)	kg/hr	50	2,490	1,938	2,342	2,528	2,355	2,528	32	18	167	417				
Other Sugars (SS)	kg/hr	59	2,919	2,272	2,745	2,962	2,760	2,962	37	22	196	488				
Cellobiose (SS)	kg/hr	83	230	179	266	312	267	312	52	31	15	88				
Glucose Oligomers (SS)	kg/hr	427	291	227	539	716	542	716	270	157	20	315				
Xylose Oligomers (SS)	kg/hr	149	500	389	558	646	561	646	94	55	34	171				
Other Oligomers (SS)	kg/hr	223	750	584	837	969	841	969	141	82	50	257				
Corn Steep Liquor (SS)	kg/hr	145	126	98	208	270	209	270	91	53	8	111		0	0	0
Others (Soluble Solids)	kg/hr	2,209	7,417	5,773	8,271	9,581	8,316	9,581	1,397	813	497	2,543				
Acetic Acid	kg/hr	1,341	3,158	2,458	3,773	4,477	3,794	4,477	848	493	210	1,336		1	1	1
Sulfuric Acid	kg/hr	36	2,104	1,637		154	1,985	154	22	13	141	348		0		0
Furfural	kg/hr	301	278	217	448	576	450	576	190	111	17	233		2	1	0
HMF	kg/hr	47	43	34	70	90	70	90	30	17	3	36		0	0	0
Carbon Dioxide	kg/hr	29			18	29	19	29	19	11		19				
Methane	kg/hr															
Oxygen	kg/hr	0			0	0	0	0	0	0	0	0	984	984	984	0
Nitrogen	kg/hr	0			0	0	0	0	0	0	0	0	3,703	3,702	3,702	0
Others	kg/hr	952	5	4	603	954	607	954	602	350	0	603		0	0	0
Cellulose (IS)	kg/hr	7	28,567	143	1	28,432	143	28,432	4	3	28,429					
Xylan (IS)	kg/hr	2	439	2	0	439	2	439	1	1	438					
Arabinan (IS)	kg/hr	0	61	0	0	61	0	61	0	0	61					
Other Sugar Polymers (IS)	kg/hr	0	73	0	0	73	0	73	0	0	73					
Cellulase (IS)	kg/hr	81				81		81	51	30	51					
Biomass (IS)	kg/hr	0				0		0	0	0	0					
Zymo (IS)	kg/hr	136				136		136	86	50	86					
Lignin (IS)	kg/hr	71	14,251	71	0	14,252	71	14,252	45	26	14,225					
Gypsum (IS)	kg/hr	0			28	28		28	0	0	0					
Ca(OH)2 (IS)	kg/hr															
Others (Insoluble Solids)	kg/hr	23	4,620	23	0	4,620	23	4,620	15	8	4,612					
Enthalpy Flow (millions)	Kcal/hr	-755.7	-642.2	-425.6	-874.2	-1389.4	-883.9	-1389.4	-477.7	-278.0	-237.2	-455.8	0.0	-1.3	-0.6	-0.8
Average Density	g/ml	0.9793	1.1246	0.9974	1.0158	1.0720	1.0207	1.0720	0.9793	0.9793	1.3246	0.9855	0.0106	0.0010	0.0011	0.9808

Heat Stream No.	MM kcal/hr		Work Stream No.	kW
QH200	2.44		WC202	26.76
QH205	0.13		WP205	139.88
			WP211	14.27
			WP213	221.34
			WP224	83.85
			WS205	96.02
			WT205	15.42
			WT232	30.24

Eq. No.	Equipment Name	Req.	Spare	Equipment Type	Mat Const.
A-205	Hydrolyzate Mix Tank Agitator	1		FIXED-PROP	SS
A-232	Reslurrying Tank Agitator	1		FIXED-PROP	SS
C-202	Hydrolyzate Washed Solids Belt Conveyor	1		BELT	CS
H-200	Hydrolyzate Cooler	1		SHELL-TUBE	304SS;CS
H-205	Pneumapress Vent Condensor	1		SHELL-TUBE	CS
P-205	Pneumapress Feed Pump	2	1	CENTRIFUGAL	SS316
P-211	Primary Filtrate Pump	1	1	CENTRIFUGAL	SS316
P-213	Wash Filtrate Pump	1	1	CENTRIFUGAL	SS316
P-224	Saccharification Feed Pump	2	1	ROTARY-LOBE	304SS
S-205	Pneumapress Filter	3		PNEUMAPRESS	SS316
T-205	Hydrolyzate Mixing Tank	1		FLAT-BTM-STORAGE	SS304
T-211	Primary Filtrate Tank	1		VERTICAL-VESSEL	SS316
T-213	Wash Filtrate Tank	1		VERTICAL-VESSEL	SS316
T-232	Slurrying Tank	1		FLAT-BTM-STORAGE	SS304

NATIONAL RENEWABLE ENERGY LABORATORY
Biotechnology Center For Fuels And Chemicals

SECTION A200
SOLID-LIQUID SEPARATION

H203L.xls | PFD-P110-A202 | B

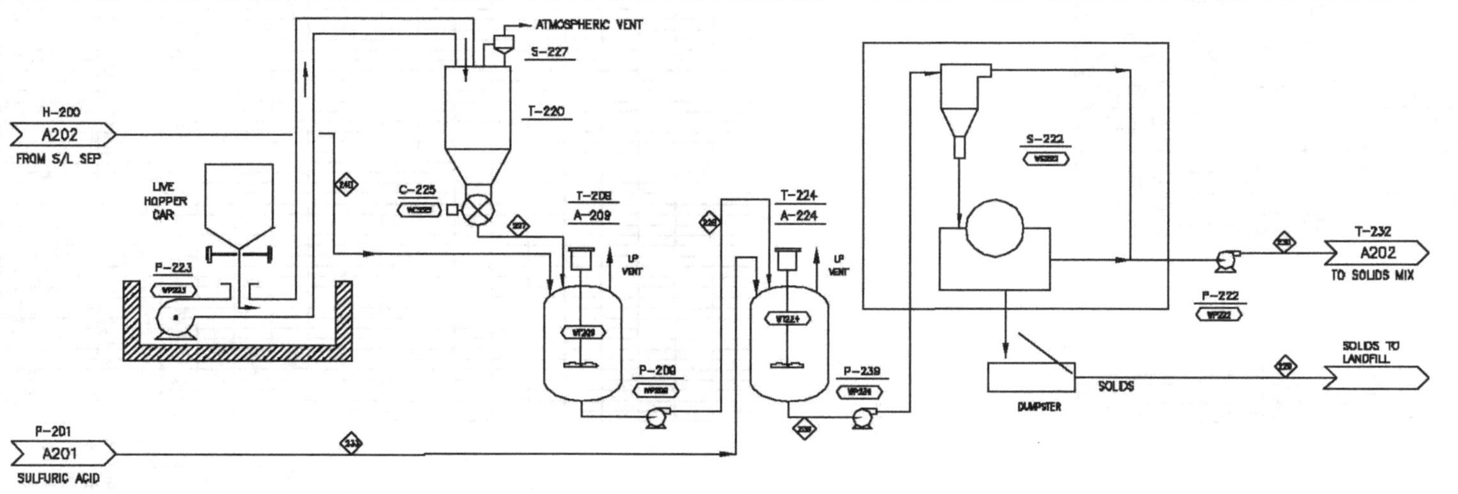

COMPONENT	UNITS	227	228	229	230	233	239	240
Total Flow	kg/hr	2,395	271,157	7,217	265,125	1,185	272,342	268,762
Insoluble Solids	%	100.0%	1.7%	80.0%	0.0%	0.0%	2.1%	0.1%
Soluble Solids	%	0.0%	12.9%	2.8%	13.1%	0.0%	12.9%	13.0%
Temperature	C		50	53	53	20	53	50
Pressure	atm	1.00	1.00	1.00	1.00	3.40	1.00	1.00
Vapor Fraction		0.00	0.00	0.00	0.00	0.00	0.00	0.00
Ethanol	kg/hr		36	0	36		36	36
Water	kg/hr		226,537	1,225	225,312		226,537	226,537
Glucose (SS)	kg/hr		2,275	12	2,263		2,275	2,275
Xylose (SS)	kg/hr		16,898	91	16,806		16,898	16,898
Arabinose (SS)	kg/hr		2,355	13	2,342		2,355	2,355
Other Sugars (SS)	kg/hr		2,760	15	2,745		2,760	2,760
Cellobiose (SS)	kg/hr		267	1	266		267	267
Glucose Oligomers (SS)	kg/hr		542	3	539		542	542
Xylose Oligomers (SS)	kg/hr		561	3	558		561	561
Other Oligomers (SS)	kg/hr		841	5	837		841	841
Corn Steep Liquor (SS)	kg/hr		209	1	208		209	209
Others (Soluble Solids)	kg/hr		8,316	45	8,271		8,316	8,316
Acetic Acid	kg/hr		3,794	21	3,773		3,794	3,794
Sulfuric Acid	kg/hr					1,185		1,985
Furfural	kg/hr		450	2	448		450	450
HMF	kg/hr		70	0	70		70	70
Carbon Dioxide	kg/hr		19	0	18		19	19
Methane	kg/hr							
Oxygen	kg/hr		0	0	0		0	0
Nitrogen	kg/hr		0	0	0		0	0
Others	kg/hr		607	3	603		607	607
Cellulose (IS)	kg/hr		143	142	1		143	143
Xylan (IS)	kg/hr		2	2	0		2	2
Arabinan (IS)	kg/hr		0	0	0		0	0
Other Sugar Polymers (IS)	kg/hr		0	0	0		0	0
Cellulase (IS)	kg/hr							
Biomass (IS)	kg/hr							
Zymo (IS)	kg/hr							
Lignin (IS)	kg/hr		71	71	0		71	71
Gypsum (IS)	kg/hr		3,485	5,537	28		5,565	
Ca(OH)2 (IS)	kg/hr	2,395	895					
Others (Insoluble Solids)	kg/hr		23	23	0		23	23
Enthalpy Flow (millions)	Kcal/hr	-7.6	-892.6	-20.7	-874.2	-2.3	-894.9	-883.9
Average Density	g/ml	2.3430	1.0397	2.0146	1.0158	1.8166	1.0422	1.0207

Heat Stream No.	MM kcal/hr	Work Stream No.	kW
		WC225	0.84
		WP209	57.59
		WP222	57.01
		WP223	28.74
		WP239	38.64
		WS222	30.34
		WT209	25.97
		WT224	104.41

Eq. No.	Equipment Name	Req.	Spare	Equipment Type	Mat Const.
A-209	Overliming Tank Agitator	1		FIXED-PROP	SS
A-224	Reacidification Tank Agitator	1		FIXED-PROP	SS
C-225	Lime Solids Feeder	1		ROTARY-VALVE	A285C
P-209	Overlimed Hydrolyzate Pump	1	1	CENTRIFUGAL	304SS
P-222	Filtered Hydrolyzate Pump	1	1	CENTRIFUGAL	304SS
P-223	Lime Unloading Blower	1		CENTRIFUGAL	C.S.
P-239	Reacidified Liquor Pump	1	1	CENTRIFUGAL	SS304
S-222	Hydroclone & Rotary Drum Filter	1		ROTARY-DRUM	EPOXY LINED
S-227	LimeDust Vent Baghouse	1		FABRIC-FILTER	A285C;POLYESTER
T-209	Overliming Tank	1		VERTICAL-VESSEL	SS304
T-220	Lime Storage Bin	1		LIVE-BTM-BIN	CS
T-224	Reacidification Tank	1		FLAT-BTM-STORAGE	SS304

VER	DESCRIPTION	DATE
A	[illegible]	[illegible]
B	[illegible] DESIGN REPORT	[illegible]

NATIONAL RENEWABLE ENERGY LABORATORY

Biotechnology Center For Fuels And Chemicals

SECTION A200
LIME ADDITION

10203I.xls | PFD-P110-A203 | B

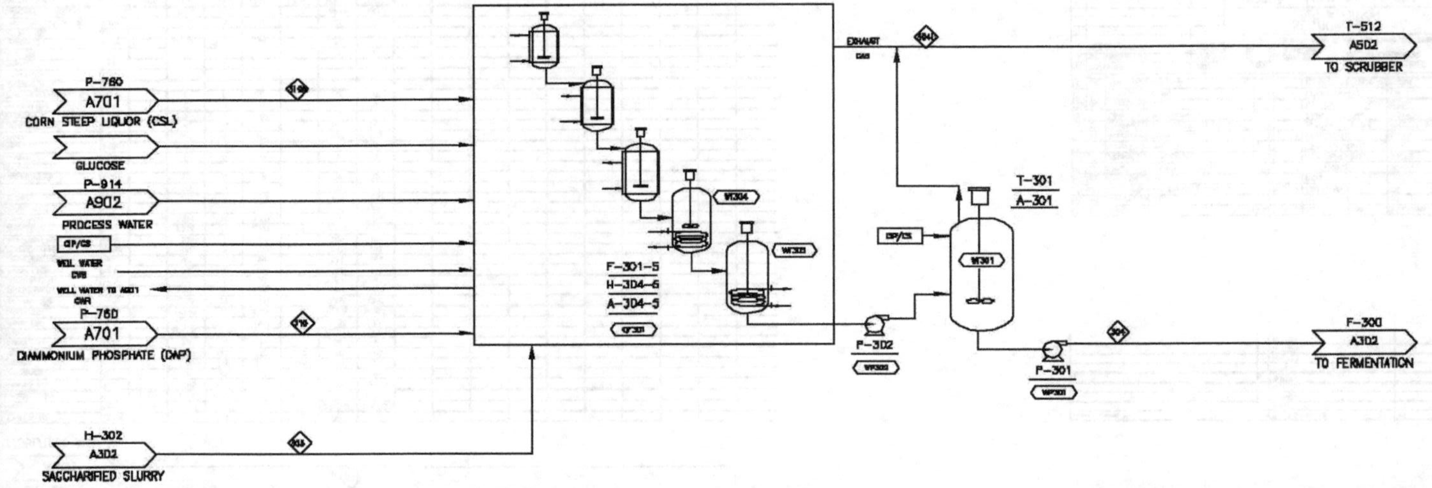

COMPONENT	UNITS	303	304	304C	310	310A
Total Flow	kg/hr	43,559	41,391	2,415	28	219
Insoluble Solids	%	5.0%	5.7%	0.0%	0.0%	0.0%
Soluble Solids	%	15.7%	4.6%	0.0%	0.0%	100.0%
Temperature	C	41	41	41	20	20
Pressure	atm	1.00	1.00	1.00	1.00	1.00
Vapor Fraction		0.00	0.00	1.00	0.00	0.00
Ethanol	kg/hr	5	2,335	70		
Water	kg/hr	33,919	33,881	76		
Glucose (SS)	kg/hr	3,119	103			
Xylose (SS)	kg/hr	1,809	156			
Arabinose (SS)	kg/hr	253	32			
Other Sugars (SS)	kg/hr	296	37			
Cellobiose (SS)	kg/hr	36	36			
Glucose Oligomers (SS)	kg/hr	185	185			
Xylose Oligomers (SS)	kg/hr	65	65			
Other Oligomers (SS)	kg/hr	97	97			
Corn Steep Liquor (SS)	kg/hr	27	224	0		219
Others (Soluble Solids)	kg/hr	958	958			
Acetic Acid	kg/hr	448	527	1		
Sulfuric Acid	kg/hr	15	15	0		
Furfural	kg/hr	58	57	1		
HMF	kg/hr	9	9	0		
Carbon Dioxide	kg/hr	3	40	2,235		
Methane	kg/hr					
Oxygen	kg/hr	0	0	32		
Nitrogen	kg/hr	0	0	0		
Others	kg/hr	95	292	0	28	
Cellulose (IS)	kg/hr	136	136			
Xylan (IS)	kg/hr	44	44			
Arabinan (IS)	kg/hr	6	6			
Other Sugar Polymers (IS)	kg/hr	7	7			
Cellulase (IS)	kg/hr	65	65			
Biomass (IS)	kg/hr	0	0			
Zymo (IS)	kg/hr	14	193			
Lignin (IS)	kg/hr	1,425	1,425			
Gypsum (IS)	kg/hr	3	3			
Ca(OH)2 (IS)	kg/hr					
Others (Insoluble Solids)	kg/hr	462	462			
Enthalpy Flow (millions)	Kcal/hr	-141.7	-137.7	-5.1	-0.1	-0.8
Average Density	g/ml	1.0754	1.0176	0.0016	1.0096	0.9983

Heat Stream No.	MM kcal/hr	Work Stream No.	kW
QF301	0.21	WP301	16.95
		WP302	16.95
		WT301	23.40
		WT304	11.70
		WT305	39.00

Eq. No.	Equipment Name	Req.	Spare	Equipment Type	Mat Const.
A-301	Seed Hold Tank Agitator	1		FIXED-PROP	SS304
A-304	4th Seed Vessel Agitator	2		FIXED-PROP	SS
A-305	5th Seed Vessel Agitator	2		FIXED-PROP	SS
F-301	1st Seed Fermenter	2		VERTICAL-VESSEL	SS304
F-302	2nd Seed Fermenter	2		VERTICAL-VESSEL	SS304
F-303	3rd Seed Fermenter	2		VERTICAL-VESSEL	SS304
F-304	4th Seed Fermenter	2		FLAT-BTM-STORAGE	SS304
F-305	5th Seed Fermenter	2		FLAT-BTM-STORAGE	SS304
H-304	4th Seed Fermenter Coil	1		IMMERSED-COIL	SS
H-305	5th Seed Fermenter Coil	1		IMMERSED-COIL	SS
P-301	Seed Hold Transfer Pump	1	1	ROTARY-LOBE	SS304
P-302	Seed Transfer Pump	2		ROTARY-LOBE	SS304
T-301	Seed Hold Tank	1		FLAT-BTM-STORAGE	SS304

NATIONAL RENEWABLE ENERGY LABORATORY

Biotechnology Center For Fuels And Chemicals

SECTION A300
SEED PRODUCTION

102031.xls PFD-P110-A301 B

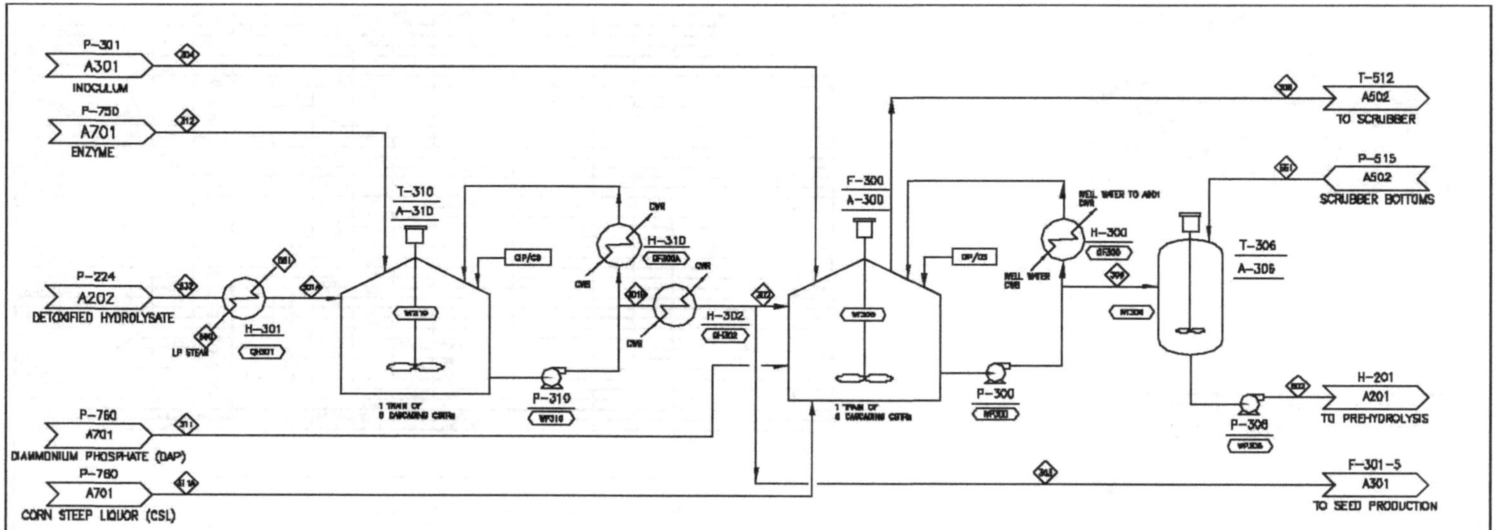
P-301
A301
INOCULUM
P-750
A701
ENZYME
P-224
A202
DETOXIFIED HYDROLYSATE
LP STEAM
H-301
QH301
T-310
A-310
WT310
1 TRAIN OF
5 CASCADING CSTRs
CIP/CS
H-310
QF300A
CWR
CWS
H-302
QH302
P-310
WP310
P-760
A701
DIAMMONIUM PHOSPHATE (DAP)
P-760
A701
CORN STEEP LIQUOR (CSL)
F-300
A-300
WT300
CIP/CS
WELL WATER TO A801
WELL WATER
H-300
QF300
P-300
WP300
T-306
A-306
WT306
P-306
WP306
T-512
A502
TO SCRUBBER
P-615
A502
SCRUBBER BOTTOMS
H-201
A201
TO PREHYDROLYSIS
F-301-5
A301
TO SEED PRODUCTION

COMPONENT	UNITS	232	301A	301B	302	303	304	306	308	311	311A	312	309	351	390	391
Total Flow	kg/hr	428,764	428,764	435,588	392,029	43,559	41,391	412,222	22,420	136	1,087	6,824	449,353	37,130	9,490	9,490
Insoluble Solids	%	11.2%	11.2%	5.0%	5.0%	5.0%	3.7%	3.5%	0.0%	0.0%	0.0%	8.3%	5.0%	0.0%	0.0%	0.0%
Soluble Solids	%	9.0%	9.0%	15.7%	15.7%	15.7%	4.6%	4.0%	0.0%	0.0%	100.0%	0.0%	3.6%	0.0%	0.0%	0.0%
Temperature	C	31	65	65	41	41	41	41	4	20	20	20	41	39	164	148
Pressure	atm	1.00	1.00	1.00	1.00	1.00	1.00	1.00	1.00	1.00	1.00	1.00	0.90	0.90	4.42	4.42
Vapor Fraction		0.00	0.00	0.00	0.00	0.00	0.00	0.00	1.00	0.00	0.00	0.00	0.00	0.00	1.00	0.00
Ethanol	kg/hr	47	47	47	43	5	2,335	24,032	668				24,825	793		
Water	kg/hr	333,811	333,811	339,188	305,269	33,919	33,881	338,544	710			6,255	374,828	36,284	9,490	9,490
Glucose (SS)	kg/hr	2,432	2,432	31,193	28,074	3,119	103	82					82			
Xylose (SS)	kg/hr	18,087	18,087	18,087	16,279	1,809	156	909					909			
Arabinose (SS)	kg/hr	2,528	2,528	2,528	2,275	253	32	217					217			
Other Sugars (SS)	kg/hr	2,962	2,962	2,962	2,666	296	37	254					254			
Cellobiose (SS)	kg/hr	312	312	360	324	36	36	360					360			
Glucose Oligomers (SS)	kg/hr	716	716	1,853	1,668	185	185	1,853					1,853			
Xylose Oligomers (SS)	kg/hr	646	646	646	581	65	65	646					646			
Other Oligomers (SS)	kg/hr	969	969	969	872	97	97	969					969			
Corn Steep Liquor (SS)	kg/hr	270	270	270	243	27	224	1,456	3		1,087		1,459	4		
Others (Soluble Solids)	kg/hr	9,381	9,381	9,381	8,623	958	958	9,381					9,381			
Acetic Acid	kg/hr	4,477	4,477	4,477	4,029	448	327	3,251	6				3,258	7		
Sulfuric Acid	kg/hr	154	154	154	139	15	15	154	0				154	0		
Furfural	kg/hr	376	376	376	318	58	37	368	7				376	8		
HMF	kg/hr	90	90	90	81	9	9	89	1				90	1		
Carbon Dioxide	kg/hr	29	29	29	26	3	40	406	20,799				440	34		
Methane	kg/hr															
Oxygen	kg/hr	0	0	0	0	0	0	0	226				0	0		
Nitrogen	kg/hr	0	0	0	0	0	0	0	0				0	0		
Others	kg/hr	954	954	954	859	95	292	4,276	0	136			4,276	0		
Cellulose (IS)	kg/hr	28,432	28,432	1,365	1,228	136	136	1,365					1,365			
Xylan (IS)	kg/hr	439	439	439	395	44	44	439					439			
Arabinan (IS)	kg/hr	61	61	61	55	6	6	61					61			
Other Sugar Polymers (IS)	kg/hr	73	73	73	66	7	7	73					73			
Cellulase (IS)	kg/hr	81	81	650	585	65	65	650				568	650			
Biomass (IS)	kg/hr	0	0	0	0	0	0	0					0			
Zymo (IS)	kg/hr	136	136	136	122	14	193	1,088					1,088			
Lignin (IS)	kg/hr	14,252	14,252	14,252	12,827	1,425	1,425	14,252					14,252			
Gypsum (IS)	kg/hr	28	28	28	25	3	3	28					28			
Ca(OH)2 (IS)	kg/hr															
Others (Insoluble Solids)	kg/hr	4,620	4,620	4,620	4,158	462	462	4,620					4,620			
Enthalpy Flow (millions)	Kcal/hr	-1389.4	-1384.3	-1408.7	-1273.3	-141.7	-137.7	-1372.7	-47.5	-0.4	-4.1	-24.2	-1310.9	-138.2	-29.8	-34.7
Average Density	g/ml	1.072	1.059	1.062	1.075	1.075	1.018	1.015	0.002	1.010	0.998	1.040	0.952	0.975	0.002	0.985

Heat Stream No.	MM kcal/hr	Work Stream No.	kW
QF300A	0.09	WP300	345.20
QF300	2.40	WP306	119.04
QH301	-4.89	WP310	122.90
QH302	8.49	WT300	438.73
		WT306	113.64
		WT310	445.89

Eq. No.	Equipment Name	Req.	Spare	Equipment Type	Mat Const.
A-300	Ethanol Fermentor Agitator	10		FIXED-PROP	SS304
A-306	Beer Surge Tank Agitator	2		FIXED-PROP	SS304
A-310	Saccharification Tank Agitator	10		FIXED-PROP	SS304
F-300	Ethanol Fermentor	5		FLAT-BTM-STORAG	SS304
H-300	Fermentation Cooler	5	1	PLATE-FRAME	SS304
H-301	Hydrolyzate Heater	1	1	PLATE-FRAME	SS
H-302	Saccharified Slurry Cooler	3		PLATE-FRAME	SS304
H-310	Fermentation Cooler	5	1	PLATE-FRAME	SS304
P-300	Fermentation Recirc/Transfer Pump	5	1	CENTRIFUGAL	SS304
P-306	Beer Transfer Pump	1	1	CENTRIFUGAL	SS304
P-310	Saccharification Recirc/Transfer Pump	5	1	CENTRIFUGAL	SS304
T-306	Beer Storage Tank	1		FLAT-BTM-STORAG	SS304
T-310	Saccharification Tank	5		FLAT-BTM-STORAG	SS304

NATIONAL RENEWABLE ENERGY LABORATORY

Biotechnology Center For Fuels And Chemicals

SECTION A300
SACCHARIFICATION & FERMENTATION

102031.xls PFD-P110-A302 B

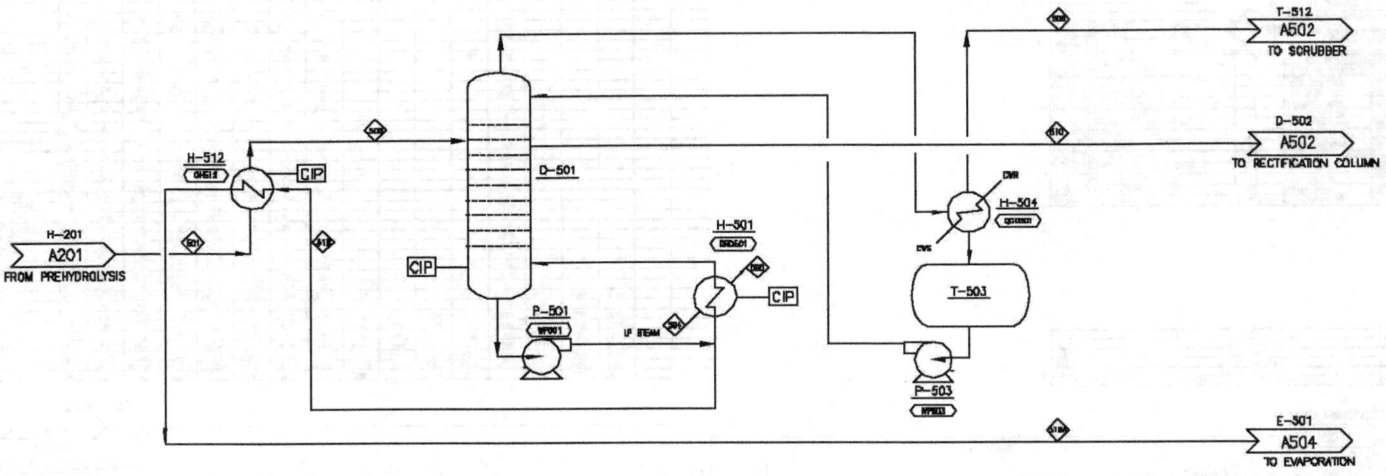

COMPONENT	UNITS	501	506	508	510	518	518A	594	595
Total Flow	kg/hr	449,333	449,333	491	62,329	386,533	386,533	65,505	65,505
Insoluble Solids	%	5.0%	5.0%	0.0%	0.0%	5.8%	5.8%	0.0%	0.0%
Soluble Solids	%	3.6%	3.6%	0.0%	0.2%	4.2%	4.2%	0.0%	0.0%
Temperature	C	95	100	60	113	123	117	164	148
Pressure	atm	4.00	4.76	1.86	1.91	2.10	2.10	4.42	4.42
Vapor Fraction		0.00	0.00	1.00	1.00	0.00	0.00	1.00	0.00
Ethanol	kg/hr	24,825	24,825	60	24,583	182	182		
Water	kg/hr	374,828	374,828	20	36,990	337,819	337,819	65,505	65,505
Glucose (SS)	kg/hr	82	82	0	0	82	82		
Xylose (SS)	kg/hr	909	909	0	0	909	909		
Arabinose (SS)	kg/hr	217	217	0	0	217	217		
Other Sugars (SS)	kg/hr	254	254	0	0	254	254		
Cellobiose (SS)	kg/hr	360	360	0	0	360	360		
Glucose Oligomers (SS)	kg/hr	1,853	1,853	0	0	1,853	1,853		
Xylose Oligomers (SS)	kg/hr	646	646	0	0	646	646		
Other Oligomers (SS)	kg/hr	969	969	0	0	969	969		
Corn Steep Liquor (SS)	kg/hr	1,459	1,459	0	145	1,314	1,314		
Others (Soluble Solids)	kg/hr	9,581	9,581	0	0	9,581	9,581		
Acetic Acid	kg/hr	5,258	5,258	0	259	4,998	4,998		
Sulfuric Acid	kg/hr	154	154	0	0	154	154		
Furfural	kg/hr	576	576	0	278	298	298		
HMF	kg/hr	90	90	0	43	46	46		
Carbon Dioxide	kg/hr	440	440	411	29				
Methane	kg/hr								
Oxygen	kg/hr	0	0	0	0	0	0		
Nitrogen	kg/hr	0	0	0	0				
Others	kg/hr	4,276	4,276	0	1	4,275	4,275		
Cellulose (IS)	kg/hr	1,365	1,365			1,365	1,365		
Xylan (IS)	kg/hr	439	439			439	439		
Arabinan (IS)	kg/hr	61	61			61	61		
Other Sugar Polymers (IS)	kg/hr	73	73			73	73		
Cellulase (IS)	kg/hr	650	650			650	650		
Biomass (IS)	kg/hr	0	0			0	0		
Zymo (IS)	kg/hr	1,088	1,088			1,088	1,088		
Lignin (IS)	kg/hr	14,252	14,252			14,252	14,252		
Gypsum (IS)	kg/hr	28	28			28	28		
Ca(OH)2 (IS)	kg/hr								
Others (Insoluble Solids)	kg/hr	4,620	4,620			4,620	4,620		
Enthalpy Flow (millions)	Kcal/hr	-1488.8	-1486.6	-1.0	-147.3	-1304.9	-1307.1	-205.9	-239.7
Average Density	g/ml	0.9585	0.9534	0.0029	0.0014	0.9513	0.9570	0.0022	0.8633

Heat Stream No.	MM kcal/hr	Work Stream No.	kW
QCD501	0.37	WP501	312.41
QH512	-2.18	WP503	0.51
QRD501	-33.76		

Eq. No.	Equipment Name	Req.	Spare	Equipment Type	Mat Const.
D-501	Beer Column	1		DISTILLATION	SS304
H-501	Beer Column Reboiler	1	1	SHELL-TUBE	SS304;CS
H-504	Beer Column Condenser	1		SHELL-TUBE	SS304;CS
H-512	Beer Column Feed Interchanger	1	1	PLATE-FRAME	SS
P-501	Beer Column Bottoms Pump	1	1	CENTRIFUGAL	SS
P-503	Beer Column Reflux Pump	1	1	CENTRIFUGAL	SS
T-503	Beer Column Reflux Drum	1		HORIZONTAL-VESS	SS304

NATIONAL RENEWABLE ENERGY LABORATORY

Biotechnology Center For Fuels And Chemicals

SECTION A500
BEER DISTILLATION

I0203Lxls | PFD-P110-A501 | B

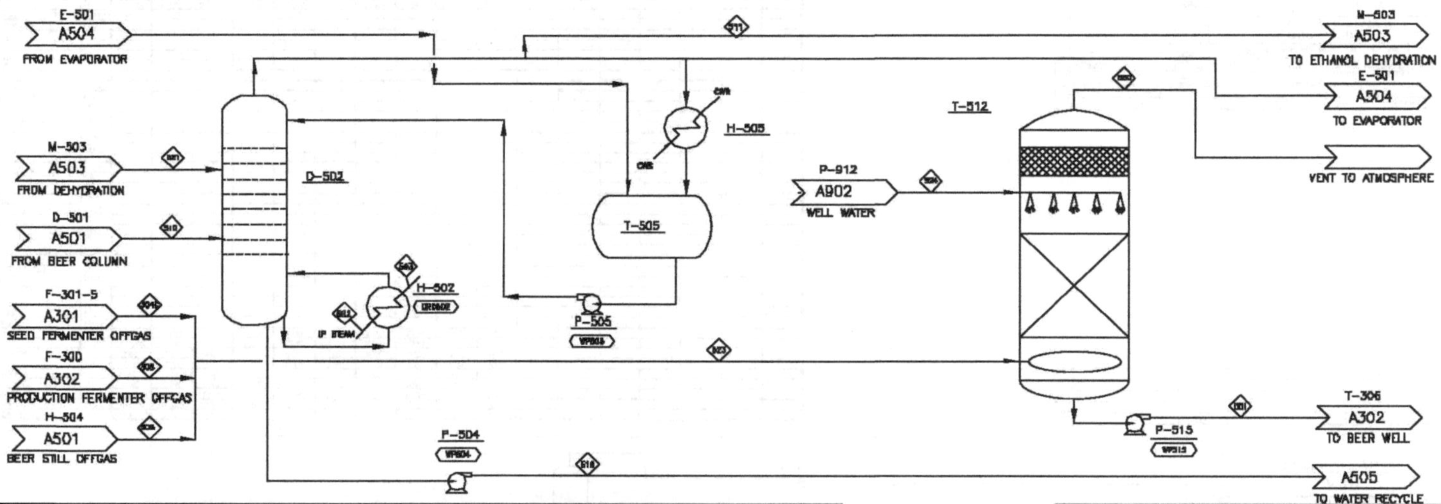

COMPONENT	UNITS	304C	308	508	510	511	516	521	523	524	550	551	592	593
Total Flow	kg/hr	2,415	22,420	491	62,329	33,232	37,643	8,546	25,325	35,912	24,107	37,130	8,164	8,164
Insoluble Solids	%	0.0%	0.0%	0.0%	0.0%	0.0%	0.0%	0.0%	0.0%	0.0%	0.0%	0.0%	0.0%	0.0%
Soluble Solids	%	0.0%	0.0%	0.0%	0.2%	0.0%	0.4%	0.0%	0.0%	0.0%	0.0%	0.0%	0.0%	0.0%
Temperature	C	41	41	60	113	92	121	70	41	26	29	39	164	148
Pressure	atm	1.00	1.00	1.86	1.91	1.70	4.29	1.53	1.00	1.00	0.90	0.90	4.42	4.42
Vapor Fraction		1.00	1.00	1.00	1.00	1.00	0.00	0.00	1.00	0.00	1.00	0.00	1.00	0.00
Ethanol	kg/hr	70	668	60	24,583	30,740	19	6,176	797		4	793		
Water	kg/hr	76	710	20	36,990	2,492	36,868	2,370	806	35,912	434	36,284	8,164	8,164
Glucose (SS)	kg/hr			0	0				0					
Xylose (SS)	kg/hr			0	0		0		0					
Arabinose (SS)	kg/hr			0	0		0		0					
Other Sugars (SS)	kg/hr			0	0				0					
Cellobiose (SS)	kg/hr			0	0				0					
Glucose Oligomers (SS)	kg/hr			0	0				0					
Xylose Oligomers (SS)	kg/hr			0	0		0		0					
Other Oligomers (SS)	kg/hr			0	0				0					
Corn Steep Liquor (SS)	kg/hr	0	3	0	145		145		4		0	4		
Others (Soluble Solids)	kg/hr			0	0				0					
Acetic Acid	kg/hr	1	6	0	259		259		7		0	7		
Sulfuric Acid	kg/hr	0	0	0	0		0		0		0	0		
Furfural	kg/hr	1	7	0	278		278		8		0	8		
HMF	kg/hr	0	1	0	43		43		1		0	1		
Carbon Dioxide	kg/hr	2,235	20,799	411	29		29		23,444		23,410	34		
Methane	kg/hr													
Oxygen	kg/hr	32	226	0	0		0		258		258	0		
Nitrogen	kg/hr	0	0	0	0		0		0		0	0		
Others	kg/hr	0	0	0	1		1		0		0	0		
Cellulose (IS)	kg/hr													
Xylan (IS)	kg/hr													
Arabinan (IS)	kg/hr													
Other Sugar Polymers (IS)	kg/hr													
Cellulase (IS)	kg/hr													
Biomass (IS)	kg/hr													
Zymo (IS)	kg/hr													
Lignin (IS)	kg/hr													
Gypsum (IS)	kg/hr													
Ca(OH)2 (IS)	kg/hr													
Others (Insoluble Solids)	kg/hr													
Enthalpy Flow (millions)	Kcal/hr	-5.1	-47.5	-1.0	-147.3	-44.6	-137.3	-17.5	-53.6	-136.0	-51.4	-138.2	-25.7	-29.9
Average Density	g/ml	0.0016	0.0016	0.0029	0.0014	0.0023	0.8964	0.7943	0.0016	0.9925	0.0016	0.9750	0.0022	0.8653

Heat Stream No.	MM kcal/hr	Work Stream No.	kW
QRD502	-4.21	WP504	9.31
		WP505	12.77
		WP515	6.10

Eq. No.	Equipment Name	Req.	Spare	Equipment Type	Mat Const.
D-502	Rectification Column	1		DISTILLATION	SS
H-502	Rectification Column Reboiler	1		SHELL-TUBE	SS304;CS
H-505	Start-up Rect. Column Condenser	1		SHELL-TUBE	SS304;CS
P-504	Rectification Column Bottoms Pump	1	1	CENTRIFUGAL	SS
P-505	Rectification Column Reflux Pump	1	1	CENTRIFUGAL	SS
P-515	Scrubber Bottoms Pump	1		CENTRIFUGAL	SS
T-505	Rectification Column Reflux Drum	1		HORIZONTAL-VESS	SS304
T-512	Vent Scrubber	1		ABSORBER	SS304;PLASTIC

NATIONAL RENEWABLE ENERGY LABORATORY

Biotechnology Center For Fuels And Chemicals

SECTION A500
RECTIFICATION DISTILLATION

I0203I.xls | PFD-P110-A502 | B

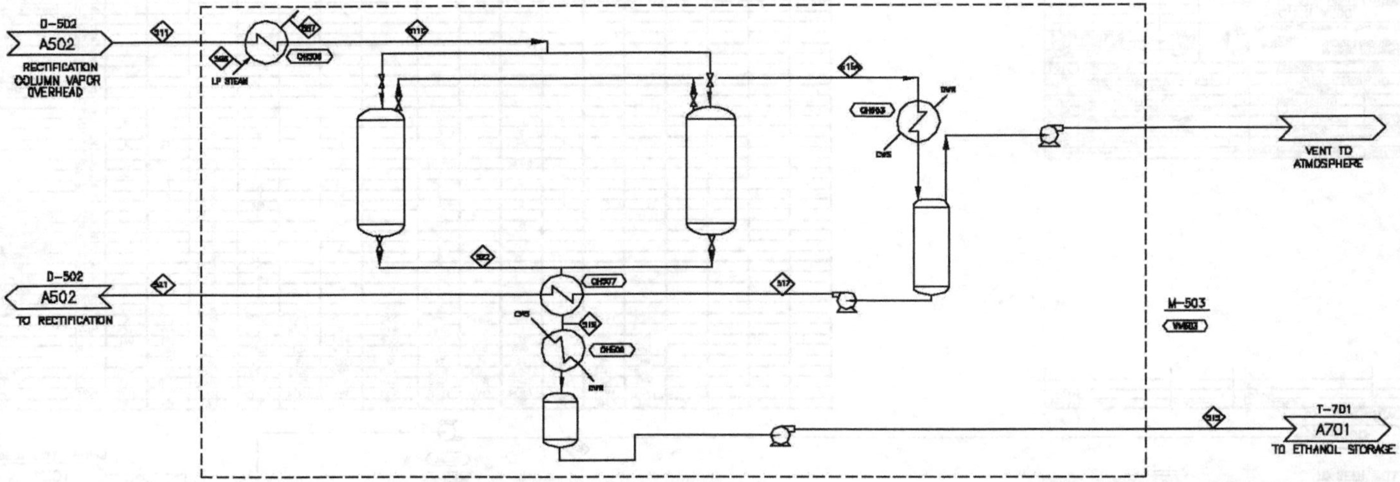

COMPONENT	UNITS	511	511C	515	515A	517	519	521	522	596	597
Total Flow	kg/hr	33,232	33,232	24,686	8,546	8,546	24,686	8,546	8,546	621	621
Insoluble Solids	%	0.0%	0.0%	0.0%	0.0%	0.0%	0.0%	0.0%	0.0%	0.0%	0.0%
Soluble Solids	%	0.0%	0.0%	0.0%	0.0%	0.0%	0.0%	0.0%	0.0%	0.0%	0.0%
Temperature	C	92	116	38	116	35	92	70	70	164	148
Pressure	atm	1.70	1.70	1.00	1.70	0.14	1.44	1.53	1.53	4.42	4.42
Vapor Fraction		1.00	1.00	0.00	1.00	0.00	1.00	0.00	0.00	1.00	0.00
Ethanol	kg/hr	30,740	30,740	24,564	6,176	6,176	24,564	6,176	6,176		
Water	kg/hr	2,492	2,492	122	2,370	2,370	122	2,370	2,370	621	621
Glucose (SS)	kg/hr										
Xylose (SS)	kg/hr										
Arabinose (SS)	kg/hr										
Other Sugars (SS)	kg/hr										
Cellobiose (SS)	kg/hr										
Glucose Oligomers (SS)	kg/hr										
Xylose Oligomers (SS)	kg/hr										
Other Oligomers (SS)	kg/hr										
Corn Steep Liquor (SS)	kg/hr										
Others (Soluble Solids)	kg/hr										
Acetic Acid	kg/hr										
Sulfuric Acid	kg/hr										
Furfural	kg/hr										
HMF	kg/hr										
Carbon Dioxide	kg/hr										
Methane	kg/hr										
Oxygen	kg/hr										
Nitrogen	kg/hr										
Others	kg/hr										
Cellulose (IS)	kg/hr										
Xylan (IS)	kg/hr										
Arabinan (IS)	kg/hr										
Other Sugar Polymers (IS)	kg/hr										
Cellulase (IS)	kg/hr										
Biomass (IS)	kg/hr										
Zymo (IS)	kg/hr										
Lignin (IS)	kg/hr										
Gypsum (IS)	kg/hr										
Ca(OH)2 (IS)	kg/hr										
Others (Insoluble Solids)	kg/hr										
Enthalpy Flow (millions)	Kcal/hr	-44.6	-44.3	-35.6	-14.8	-17.8	-29.7	-17.5	-17.5	-2.0	-2.3
Average Density	g/ml	0.0023	0.0022	0.7753	0.0017	0.8308	0.0022	0.7943	0.7943	0.0022	0.8653

Heat Stream No.	MMkcal/hr	Work Stream No.	kW
QH503	2.96	WM503	171.59
QH506	-0.32		
QH507	0.24		
QH509	5.86		

Eq. No.	Equipment Name	Req.	Spare	Equipment Type	Mat Const.
M-503	Molecular Sieve (9 pieces)	1		PACKAGE	SS

NATIONAL RENEWABLE ENERGY LABORATORY

SECTION A500
ETHANOL DEHYDRATION

I0203I.xls PFD-P110-A503 B

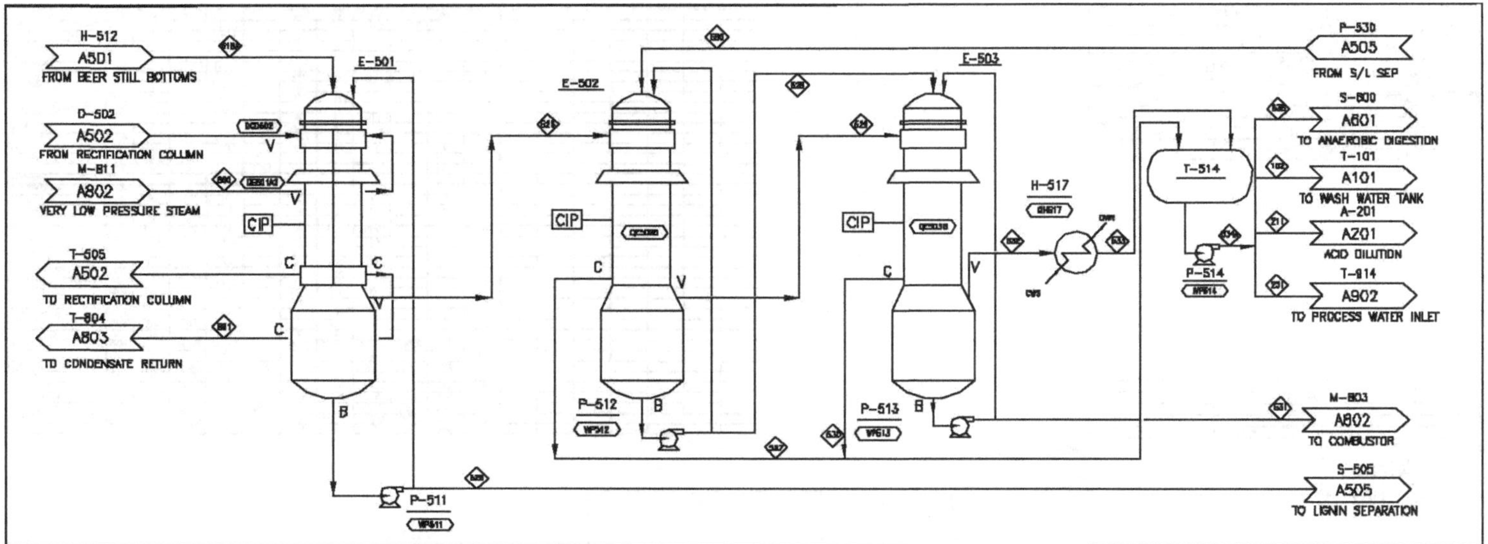
H-512
A501
FROM BEER STILL BOTTOMS
D-502
A502
FROM RECTIFICATION COLUMN
M-811
A802
VERY LOW PRESSURE STEAM
T-605
A502
TO RECTIFICATION COLUMN
T-804
A803
TO CONDENSATE RETURN
E-501
E-502
E-503
CIP
P-511
WP511
P-512
WP512
P-513
WP513
H-517
QH517
T-514
P-514
WP514
P-530
A505
FROM S/L SEP
S-600
A601
TO ANAEROBIC DIGESTION
T-101
A101
TO WASH WATER TANK
A-201
A201
ACID DILUTION
T-914
A902
TO PROCESS WATER INLET
M-803
A802
TO COMBUSTOR
S-505
A505
TO LIGNIN SEPARATION

COMPONENT	UNITS	102	211	251	518A	525	526	527	528	529	530
Total Flow	kg/hr	43,017	99,344	71,466	386,533	303,646	82,887	82,887	116,868	77,752	77,752
Insoluble Solids	%	0.0%	0.0%	0.0%	5.8%	7.4%	0.0%	0.0%	0.8%	0.0%	0.0%
Soluble Solids	%	0.1%	0.1%	0.1%	4.2%	5.2%	0.4%	0.4%	8.8%	0.0%	0.0%
Temperature	C	74	74	74	117	87	87	87	71	71	71
Pressure	atm	3.00	3.00	3.00	2.10	0.80	0.60	0.61	0.31	0.31	0.32
Vapor Fraction		0.00	0.00	0.00	0.00	0.00	1.00	0.00	0.00	1.00	0.00
Ethanol	kg/hr	31	71	51	182	39	143	143	3	24	24
Water	kg/hr	42,546	98,256	70,684	337,819	255,932	81,887	81,887	99,813	77,243	77,243
Glucose (SS)	kg/hr				82	82			57		
Xylose (SS)	kg/hr	0	0	0	909	909	0	0	629	0	0
Arabinose (SS)	kg/hr	0	0	0	217	217	0	0	150		
Other Sugars (SS)	kg/hr				254	254			176		
Cellobiose (SS)	kg/hr				360	360			249		
Glucose Oligomers (SS)	kg/hr				1,853	1,853			1,282		
Xylose Oligomers (SS)	kg/hr	0	0	0	646	646	0	0	447	0	0
Other Oligomers (SS)	kg/hr				969	969			670		
Corn Steep Liquor (SS)	kg/hr	38	133	96	1,314	996	319	319			
Others (Soluble Solids)	kg/hr				9,581	9,581			6,628		
Acetic Acid	kg/hr	325	751	540	4,998	4,689	309	309	2,327	418	418
Sulfuric Acid	kg/hr	0	0	0	154	154	0	0	107	0	0
Furfural	kg/hr	48	111	80	298	100	197	197	13	56	56
HMF	kg/hr	7	17	12	46	16	31	31	2	9	9
Carbon Dioxide	kg/hr										
Methane	kg/hr										
Oxygen	kg/hr				0						
Nitrogen	kg/hr										
Others	kg/hr	2	4	3	4,275	4,273	2	2	2,852	2	2
Cellulose (IS)	kg/hr				1,385	1,385			20		
Xylan (IS)	kg/hr				439	439			7		
Arabinan (IS)	kg/hr				61	61			1		
Other Sugar Polymers (IS)	kg/hr				73	73			1		
Cellulase (IS)	kg/hr				650	650			244		
Biomass (IS)	kg/hr				0	0			0		
Zymo (IS)	kg/hr				1,088	1,088			408		
Lignin (IS)	kg/hr				14,252	14,252			214		
Gypsum (IS)	kg/hr				28	28			0		
Ca(OH)2 (IS)	kg/hr										
Others (Insoluble Solids)	kg/hr				4,620	4,620			69		
Enthalpy Flow (millions)	Kcal/hr	-160.0	-369.5	-265.8	-1307.1	-1018.2	-262.3	-307.3	-374.4	-247.0	-290.0
Average Density	g/ml	0.944	0.944	0.944	0.957	1.003	0.000	0.932	0.983	0.000	0.948

COMPONENT	UNITS	531	532	533	534A	535	580	860	861
Total Flow	kg/hr	39,922	76,946	76,946	237,585	23,759	194,620	4,858	4,858
Insoluble Solids	%	2.4%	0.0%	0.0%	0.0%	0.0%	0.5%	0.0%	0.0%
Soluble Solids	%	25.8%	0.0%	0.0%	0.1%	0.1%	5.3%	0.0%	0.0%
Temperature	C	64	64	64	74	74	40	115	115
Pressure	atm	0.21	0.21	0.23	2.00	1.00	3.20	1.68	1.68
Vapor Fraction		0.00	1.00	0.00	0.00	0.00	0.00	0.97	0.00
Ethanol	kg/hr	0	2	2	170	17	27		
Water	kg/hr	23,957	75,856	75,856	234,985	23,499	177,036	4,858	4,858
Glucose (SS)	kg/hr	57					57		
Xylose (SS)	kg/hr	629	0	0	0	0	629		
Arabinose (SS)	kg/hr	150			0	0	150		
Other Sugars (SS)	kg/hr	176					176		
Cellobiose (SS)	kg/hr	249					249		
Glucose Oligomers (SS)	kg/hr	1,282					1,282		
Xylose Oligomers (SS)	kg/hr	447	0	0	0	0	447		
Other Oligomers (SS)	kg/hr	670					670		
Corn Steep Liquor (SS)	kg/hr				319	32			
Others (Soluble Solids)	kg/hr	6,628					6,628		
Acetic Acid	kg/hr	1,757	1,070	1,070	1,796	180	3,244		
Sulfuric Acid	kg/hr	107	0	0	0	0	107		
Furfural	kg/hr	2	12	12	265	27	69		
HMF	kg/hr	0	2	2	41	4	11		
Carbon Dioxide	kg/hr								
Methane	kg/hr								
Oxygen	kg/hr								
Nitrogen	kg/hr								
Others	kg/hr	2,347	5	5	9	1	2,854		
Cellulose (IS)	kg/hr	20					20		
Xylan (IS)	kg/hr	7					7		
Arabinan (IS)	kg/hr	1					1		
Other Sugar Polymers (IS)	kg/hr	1					1		
Cellulase (IS)	kg/hr	244					244		
Biomass (IS)	kg/hr	0					0		
Zymo (IS)	kg/hr	408					408		
Lignin (IS)	kg/hr	214					214		
Gypsum (IS)	kg/hr	0					0		
Ca(OH)2 (IS)	kg/hr								
Others (Insoluble Solids)	kg/hr	69					69		
Enthalpy Flow (millions)	Kcal/hr	-88.4	-243.9	-286.5	-883.7	-88.4	-665.5	-15.5	-18.0
Average Density	g/ml	1.085	0.000	0.954	0.944	0.944	0.999	0.001	0.947

Stream No.	MM kcal/hr	Stream No.	kW
QCD502	24.58	WP511	198.53
QE501A2	2.49	WP512	55.37
QE502B	44.05	WP513	23.68
QE503B	42.11	WP514	40.33
QH517	42.58		

Eq. No.	Equipment Name	Req.	Spare	Equipment Type	Mat Const.
E-501	1st Effect Evaporation	2		SHELL-TUBE	SS316
E-502	2nd Effect Evaporation	1		SHELL-TUBE	SS316
E-503	3rd Effect Evaporation	2		SHELL-TUBE	SS316
H-517	Evaporator Condenser	1	1	SHELL-TUBE	SS304;CS
P-511	1st Effect Pump	2	1	CENTRIFUGAL	SS
P-512	2nd Effect Pump	1	1	CENTRIFUGAL	SS
P-513	3rd Effect Pump	2	1	CENTRIFUGAL	SS
P-514	Evaporator Condensate Pump	1	1	CENTRIFUGAL	SS304
T-514	Evaporator Condensate Drum	1		HORIZONTAL-VESSEL	SS304

NATIONAL RENEWABLE ENERGY LABORATORY

Biotechnology Center for Fuels and Chemicals

SECTION A500
EVAPORATION

I0203L.xls

PFD-P110-A504 B

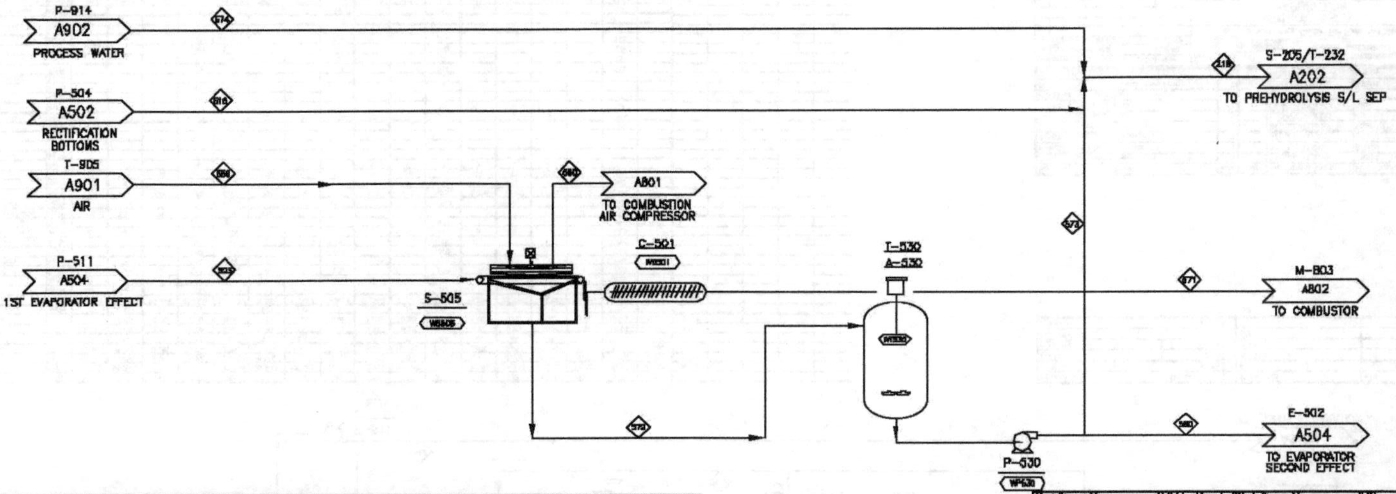

COMPONENT	UNITS	219	516	525	559	571	572	573	574	560	580
Total Flow	kg/hr	207,096	37,643	303,646	5,921	44,075	259,493	64,873	104,579	5,999	194,620
Insoluble Solids	%	0.2%	0.0%	7.4%	0.0%	48.3%	0.5%	0.5%	0.0%	0.0%	0.5%
Soluble Solids	%	1.7%	0.4%	5.2%	0.0%	4.9%	5.3%	5.3%	0.0%	0.1%	5.3%
Temperature	C	46	121	87	40	38	40	40	20	38	40
Pressure	atm	1.00	4.29	0.60	9.51	3.20	3.20	3.20	1.00	3.20	3.20
Vapor Fraction		0.00	0.00	0.00	1.00	0.00	0.00	0.00	0.00	1.00	0.00
Ethanol	kg/hr	28	19	39		3	36	9		0	27
Water	kg/hr	200,466	36,868	255,932		19,783	236,075	59,019	104,579	74	177,056
Glucose (SS)	kg/hr	19		82		6	76	19			57
Xylose (SS)	kg/hr	210	0	909		70	838	210			629
Arabinose (SS)	kg/hr	50	0	217		17	200	50			150
Other Sugars (SS)	kg/hr	59		254		20	235	59			176
Cellobiose (SS)	kg/hr	83		360		28	332	83			249
Glucose Oligomers (SS)	kg/hr	427		1,853		144	1,709	427			1,282
Xylose Oligomers (SS)	kg/hr	149	0	646		50	596	149			447
Other Oligomers (SS)	kg/hr	223		969		75	894	223			670
Corn Steep Liquor (SS)	kg/hr	145	145	996		992				4	
Others (Soluble Solids)	kg/hr	2,209		9,581		743	8,838	2,209			6,628
Acetic Acid	kg/hr	1,341	259	4,689		363	4,326	1,081		1	3,244
Sulfuric Acid	kg/hr	36	0	154		12	142	36		0	107
Furfural	kg/hr	301	278	100		8	93	23		0	69
HMF	kg/hr	47	43	16		1	14	4		0	11
Carbon Dioxide	kg/hr	29	29								
Methane	kg/hr										
Oxygen	kg/hr	0	0		1,243	0				1,243	
Nitrogen	kg/hr	0	0		4,678	1				4,677	
Others	kg/hr	952	1	4,273		468	3,805	951		0	2,854
Cellulose (IS)	kg/hr	7		1,365		1,337	27	7			20
Xylan (IS)	kg/hr	2		439		430	9	2			7
Arabinan (IS)	kg/hr	0		61		60	1	0			1
Other Sugar Polymers (IS)	kg/hr	0		73		72	1	0			1
Cellulase (IS)	kg/hr	81		650		325	325	81			244
Biomass (IS)	kg/hr	0		0		0	0	0			0
Zymo (IS)	kg/hr	136		1,088		544	544	136			408
Lignin (IS)	kg/hr	71		14,252		13,967	285	71			214
Gypsum (IS)	kg/hr	0		28		27	1	0			0
Ca(OH)2 (IS)	kg/hr										
Others (Insoluble Solids)	kg/hr	23		4,620		4,528	92	23			69
Enthalpy Flow (millions)	Kcal/hr	-755.7	-137.3	-1018.2	0.0	-136.2	-887.3	-221.8	-396.6	-0.2	-665.5
Average Density	g/ml	0.9793	0.8964	1.0034	0.0106	1.3326	0.9990	0.9990	0.9983	0.0036	0.9990

Heat Stream No.	MM kcal/hr	Work Stream No.	kW
		WC501	28.16
		WP530	59.41
		WS505	113.91
		WT530	6.83

Eq. No.	Equipment Name	Req.	Spare	Equipment Type	Mat Const.
A-530	Recycled Water Tank Agitator	1		FIXED-PROP	CS
C-501	Lignin Wet Cake Screw	1		SCREW	CS
P-530	Recycled Water Pump	1	1	CENTRIFUGAL	CS
S-505	Pneumapress Filter	4		PNEUMAPRESS	SS316
T-530	Recycled Water Tank	1		FLAT-BTM-STORAGE	SS

NATIONAL RENEWABLE ENERGY LABORATORY

Biotechnology Center For Fuels And Chemicals

SECTION A500
LIGNIN SEPARATION & RECYCLE

I0203I.xls | PFD-P110-A505 | B

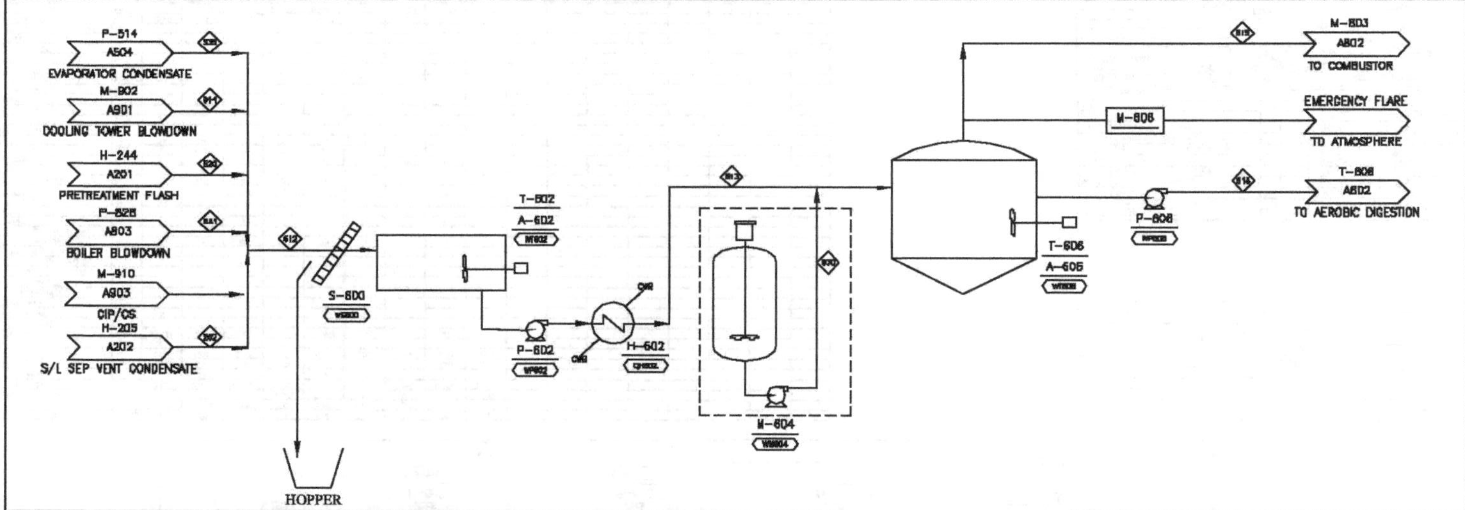

COMPONENT	UNITS	262	520	535	612	613	615	618	630	821	944
Total Flow	kg/hr	200	53,152	23,759	97,264	97,264	625	96,697	58	5,715	14,439
Insoluble Solids	%	0.0%	0.0%	0.0%	0.0%	0.0%	0.0%	0.0%	0.0%	0.0%	0.0%
Soluble Solids	%	0.0%	0.1%	0.1%	0.1%	0.1%	0.0%	0.1%	0.0%	0.0%	0.0%
Temperature	C	38	30	74	59	35	35	35	20	309	28
Pressure	atm	1.00	1.00	1.00	2.00	2.00	1.00	1.00	1.00	96.26	1.00
Vapor Fraction		0.00	0.00	0.00	0.00	0.00	1.00	0.00	0.00	0.00	0.00
Ethanol	kg/hr	0	73	17	90	90	0	6			
Water	kg/hr	199	52,244	23,499	96,094	96,094	28	96,414		5,715	14,439
Glucose (SS)	kg/hr										
Xylose (SS)	kg/hr		0	0	0	0		0			
Arabinose (SS)	kg/hr		0	0	0	0		0			
OtherSugars (SS)	kg/hr										
Cellobiose (SS)	kg/hr										
Glucose Oligomers (SS)	kg/hr										
Xylose Oligomers (SS)	kg/hr		0	0	0	0					
Other Oligomers (SS)	kg/hr										
Corn Steep Liquor (SS)	kg/hr	0	48	32	80	80	0	80			
Others (Soluble Solids)	kg/hr										
Acetic Acid	kg/hr	1	268	180	449	449	0	31			
Sulfuric Acid	kg/hr	0	0	0	0	0					
Furfural	kg/hr	0	449	27	476	476	0	33			
HMF	kg/hr	0	70	4	74	74	0	5			
Carbon Dioxide	kg/hr						273	25			
Methane	kg/hr						324	3			
Oxygen	kg/hr	0			0	0	0	0			
Nitrogen	kg/hr	0			0	0	0	0			
Others	kg/hr	0	0	1	1	1	0	58	58		
Cellulose (IS)	kg/hr										
Xylan (IS)	kg/hr										
Arabinan (IS)	kg/hr										
Other Sugar Polymers (IS)	kg/hr										
Cellulase (IS)	kg/hr										
Biomass (IS)	kg/hr							43			
Zymo (IS)	kg/hr										
Lignin (IS)	kg/hr										
Gypsum (IS)	kg/hr										
Ca(OH)2 (IS)	kg/hr										
Others (Insoluble Solids)	kg/hr										
Enthalpy Flow (millions)	Kcal/hr	-0.8	-198.6	-88.4	-362.3	-364.6	-1.0	-365.0	-0.2	-19.9	-54.6
Average Density	g/ml	0.9808	0.9903	0.9442	0.9604	0.9846	0.0009	0.9841	0.9983	0.6925	0.9906

Heat Stream No.	MM kcal/hr		Work Stream No.	kW
QH602	2.26		WM604	4.14
			WP602	22.57
			WP606	22.45
			WS600	0.42
			WT602	14.37
			WT606	31.06

Eq. No.	Equipment Name	Req.	Spare	Equipment Type	Mat Const.
A-602	Equalization Basin Agitator	1		FIXED-PROP	SS
A-606	Anaerobic Agitator	1		FIXED-PROP	SS
H-602	Anaerobic Digester Feed Cooler	1		SHELL-TUBE	SS316;CS
M-604	Nutrient Feed System	1		PACKAGE	CS
M-606	Biogas Emergency Flare	1		MISCELLANEOUS	SS
P-602	Anaerobic Reactor Feed Pump	1	1	CENTRIFUGAL	CS
P-606	Aerobic Digester Feed Pump	1	1	CENTRIFUGAL	CS
S-600	Bar Screen	1		SCREEN	CS
T-602	Equalization Basin	1		FLAT-BTM-STORAGE	CONCRETE
T-606	Anaerobic Digester	1		FLAT-BTM-STORAGE	EPOXY-LINED

NATIONAL RENEWABLE ENERGY LABORATORY

Biotechnology Center For Fuels And Chemicals

SECTION A600
ANAEROBIC DIGESTION

I0203I.xls | PFD-P110-A601 | B

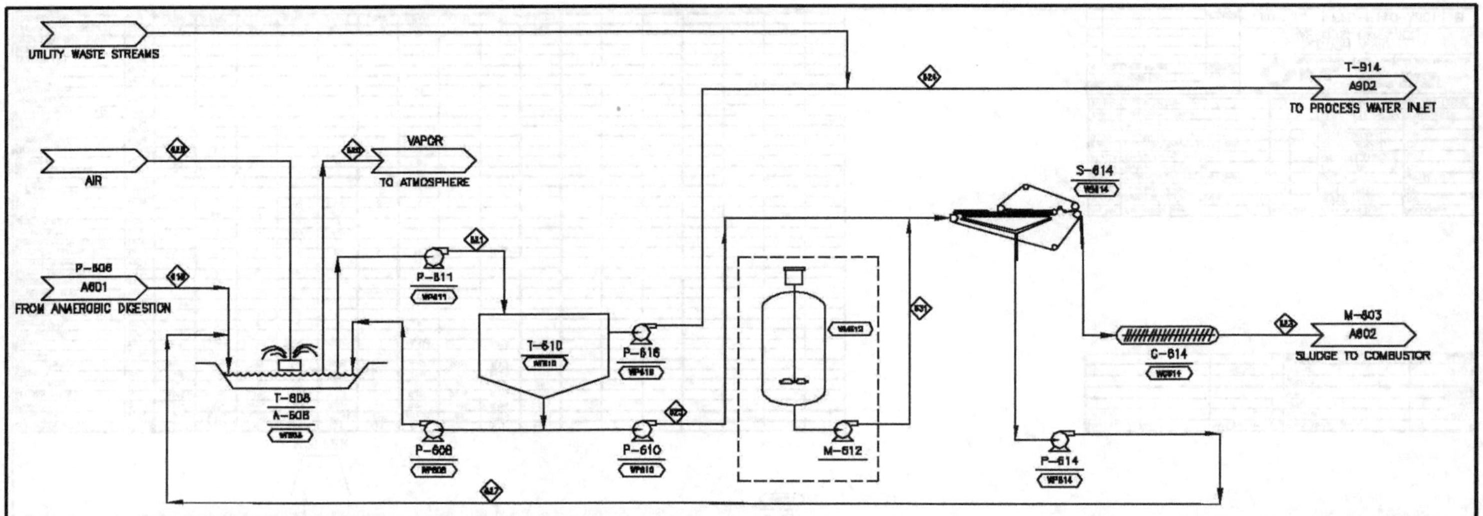
UTILITY WASTE STREAMS
T-914
A902
TO PROCESS WATER INLET
AIR
VAPOR
TO ATMOSPHERE
S-614
P-606
A601
FROM ANAEROBIC DIGESTION
P-611
T-610
P-616
C-614
M-603
A602
SLUDGE TO COMBUSTOR
T-608
A-608
P-608
P-610
M-612
P-614

COMPONENT	UNITS	618	620	621	623	624	625	626	627	631
Total Flow	kg/hr	96,697	40,204	97,093	218	95,805	1,290	39,531	1,072	0
Insoluble Solids	%	0.0%	0.0%	0.1%	30.0%	0.0%	5.1%	0.0%	0.0%	0.0%
Soluble Solids	%	0.1%	0.0%	0.1%	0.1%	0.1%	0.1%	0.0%	0.1%	0.0%
Temperature	C	35	21	21	21	21	21	20	21	20
Pressure	atm	1.00	1.00	1.00	1.00	1.00	1.00	1.00	1.00	1.00
Vapor Fraction		0.00	1.00	0.00	0.00	0.00	0.00	1.00	0.00	0.00
Ethanol	kg/hr	6	0	1	0	1	0		0	
Water	kg/hr	96,414	627	96,881	152	95,658	1,222		1,070	
Glucose (SS)	kg/hr									
Xylose (SS)	kg/hr	0		0	0	0	0		0	
Arabinose (SS)	kg/hr	0								
Other Sugars (SS)	kg/hr									
Cellobiose (SS)	kg/hr									
Glucose Oligomers (SS)	kg/hr									
Xylose Oligomers (SS)	kg/hr									
Other Oligomers (SS)	kg/hr									
Corn Steep Liquor (SS)	kg/hr	80	1	80	0	79	1		1	
Others (Soluble Solids)	kg/hr									
Acetic Acid	kg/hr	31	0	3	0	3	0		0	
Sulfuric Acid	kg/hr									
Furfural	kg/hr	33	0	3	0	3	0		0	
HMF	kg/hr	5	0	0	0	0	0		0	
Carbon Dioxide	kg/hr	25	112	0	0	0	0		0	
Methane	kg/hr	1	1	0	0	0	0		0	
Oxygen	kg/hr	0	8,235	1	0	1	0	8,302	0	
Nitrogen	kg/hr	0	31,228	1	0	1	0	31,230	0	
Others	kg/hr	58	0	58	0	58	1		1	0
Cellulose (IS)	kg/hr									
Xylan (IS)	kg/hr									
Arabinan (IS)	kg/hr									
Other Sugar Polymers (IS)	kg/hr									
Cellulase (IS)	kg/hr									
Biomass (IS)	kg/hr	43		65	65		65			
Zymo (IS)	kg/hr									
Lignin (IS)	kg/hr									
Gypsum (IS)	kg/hr									
Ca(OH)2 (IS)	kg/hr									
Others (Insoluble Solids)	kg/hr									
Enthalpy Flow (millions)	Kcal/hr	-365.0	-2.3	-367.9	-0.6	-363.2	-4.7	0.0	-4.1	0.0
Average Density	g/ml	0.9841	0.0012	0.9976	1.1481	0.9973	1.0228	0.0012	0.9973	0.9983

Heat Stream No.	MM kcal/hr	Work Stream No.	kW
		WC614	1.25
		WM612	0.90
		WP608	0.29
		WP610	0.17
		WP611	22.24
		WP614	0.25
		WP616	21.95
		WS614	11.64
		WT608	159.77
		WT610	2.07

Eq. No.	Equipment Name	Req	Spare	Equipment Type	Mat Const.
A-608	Aerobic Lagoon Agitator	16		SURFACE-AERATOR	CS
C-614	Aerobic Sludge Screw	1		SCREW	CS
M-612	Filter Precoat System	1		MISCELLANEOUS	CS
P-608	Aerobic Sludge Recycle Pump	1		SLURRY	SS316
P-610	Aerobic Sludge Pump	1		SLURRY	SS316
P-611	Aerobic Digestion Outlet Pump	1	1	CENTRIFUGAL	CS
P-614	Sludge Filtrate Recycle Pump	1	1	CENTRIFUGAL	CS
P-616	Treated Water Pump	1	1	CENTRIFUGAL	CS
S-614	Belt Filter Press	1		FILTER-PRESS	304SS;BUNA N
T-608	Aerobic Digestor	1		LINED-PIT	POLYMER LINED
T-610	Clarifier	1		CLARIFIER	CONCRETE

NATIONAL RENEWABLE ENERGY LABORATORY

Biotechnology Center For Fuels And Chemicals

SECTION A600
AEROBIC DIGESTION

I0203I.xls PFD-P110-A602 B

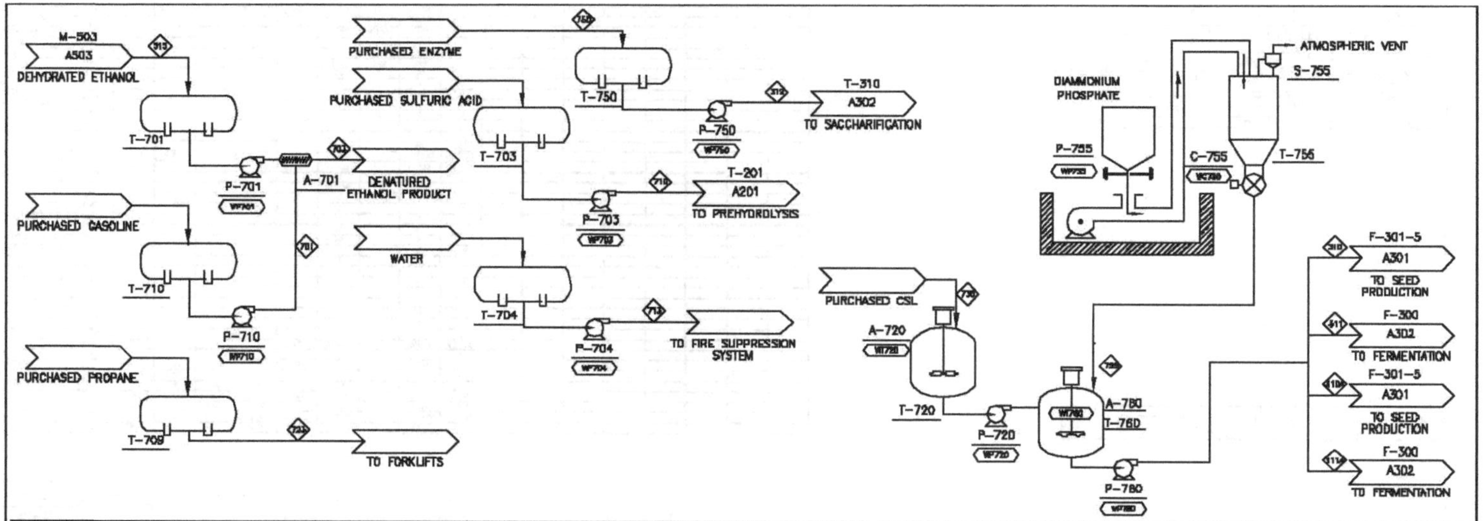

COMPONENT	UNITS	310	310A	311	311A	312	515	701	703	710	713	723	735	750	755
Total Flow	kg/hr	28	219	136	1,087	6,824	24,686	1,019	25,705	3,288	9,080	20	1,306	6,824	163
Insoluble Solids	%	0.0%	0.0%	0.0%	0.0%	8.3%	0.0%	0.0%	0.0%	0.0%	0.0%	0.0%	0.0%	8.3%	0.0%
Soluble Solids	%	0.0%	100.0%	0.0%	100.0%	0.0%	0.0%	0.0%	0.0%	0.0%	0.0%	0.0%	100.0%	0.0%	0.0%
Temperature	C	20	20	20	20	20	38	20	20	20	20	20	20	20	20
Pressure	atm	1.00	1.00	1.00	1.00	1.00	1.00	1.00	1.00	1.00	1.00	1.00	1.00	1.00	1.00
Vapor Fraction		0.00	0.00	0.00	0.00	0.00	0.00	0.00	0.00	0.00	0.00	1.00	0.00	0.00	0.00
Ethanol	kg/hr						24,564		24,564						
Water	kg/hr					6,255	122		122		9,080			6,255	
Glucose (SS)	kg/hr														
Xylose (SS)	kg/hr														
Arabinose (SS)	kg/hr														
Other Sugars (SS)	kg/hr														
Cellobiose (SS)	kg/hr														
Glucose Oligomers (SS)	kg/hr														
Xylose Oligomers (SS)	kg/hr														
Other Oligomers (SS)	kg/hr														
Corn Steep Liquor (SS)	kg/hr		219		1,087								1,306		
Others (Soluble Solids)	kg/hr														
Acetic Acid	kg/hr														
Sulfuric Acid	kg/hr									3,288					
Furfural	kg/hr														
HMF	kg/hr														
Carbon Dioxide	kg/hr														
Methane	kg/hr														
Oxygen	kg/hr														
Nitrogen	kg/hr														
Others	kg/hr	28		136				1,019	1,019			20			163
Cellulose (IS)	kg/hr														
Xylan (IS)	kg/hr														
Arabinan (IS)	kg/hr														
Other Sugar Polymers (IS)	kg/hr														
Cellulase (IS)	kg/hr					568								568	
Biomass (IS)	kg/hr														
Zymo (IS)	kg/hr														
Lignin (IS)	kg/hr														
Gypsum (IS)	kg/hr														
Ca(OH)2 (IS)	kg/hr														
Others (Insoluble Solids)	kg/hr														
Enthalpy Flow (millions)	Kcal/hr	-0.1	-0.8	-0.4	-4.1	-24.2	-35.6	-0.5	-36.4	-6.4	-34.4	0.0	-5.0	-24.2	-0.5
Average Density	g/ml	1.0096	0.9983	1.0096	0.9983	1.0403	0.7753	0.6876	0.7872	1.8166	0.9983	0.0018	0.9983	1.0403	1.0096

Work Stream No.	kW	Work Stream No.	kW
WC755	0.06	WP750	0.48
WP701	5.24	WP755	1.96
WP703	0.40	WP760	0.29
WP704	0.00	WT720	3.09
WP710	0.43	WT760	3.61
WP720	0.29		

Eq. No.	Equipment Name	Req.	Spare	Equipment Type	Mat Const.
A-701	Denaturant In-line Mixer	1		STATIC	SS304
A-720	CSL Storage Tank Agitator	1		FIXED-PROP	SS304
A-760	CSL/DAP Day Tank Agitator	1		FIXED-PROP	SS304
C-755	DAP Solids Feeder	1		ROTARY-VALVE	A285C
P-701	Ethanol Product Pump	2	1	CENTRIFUGAL	CS
P-703	Sulfuric Acid Pump	1	1	CENTRIFUGAL	SS316
P-704	Firewater Pump	1	1	CENTRIFUGAL	CS
P-710	Gasoline Pump	1	1	CENTRIFUGAL	CS
P-720	CSL Pump	1	1	CENTRIFUGAL	CS
P-750	Cellulase Pump	1	1	CENTRIFUGAL	CS
P-755	DAP Unloading Blower	1		CENTRIFUGAL	CS
P-760	CSL/DAP Pump	1	1	CENTRIFUGAL	CS
S-755	DAP Vent Baghouse	1		FABRIC-FILTER	A285C;POLYESTER
T-701	Ethanol Product Storage Tank	2		FLAT-BTM-STORAGE	A285C
T-703	Sulfuric Acid Storage Tank	1		FLAT-BTM-STORAGE	SS316
T-704	Firewater Storage Tank	1		FLAT-BTM-STORAGE	A285C
T-709	Propane Storage Tank	1		HORIZONTAL STORAGE	A[illegible]
T-710	Gasoline Storage Tank	1		FLAT-BTM-STORAGE	A285C
T-720	CSL Storage Tank	1		FLAT-BTM-STORAGE	SS304
T-750	Cellulase Storage Tank	2		FLAT-BTM-STORAGE	SS304
T-755	DAP Storage Bin	1		LIVE-BTM-BIN	CS
T-760	CSL/DAP Day Tank	1		FLAT-BTM-STORAGE	SS304

NATIONAL RENEWABLE ENERGY LABORATORY

Biotechnology Center For Fuels And Chemicals

SECTION A700
STORAGE

I0203I.xls | PFD-P110-A701 | B

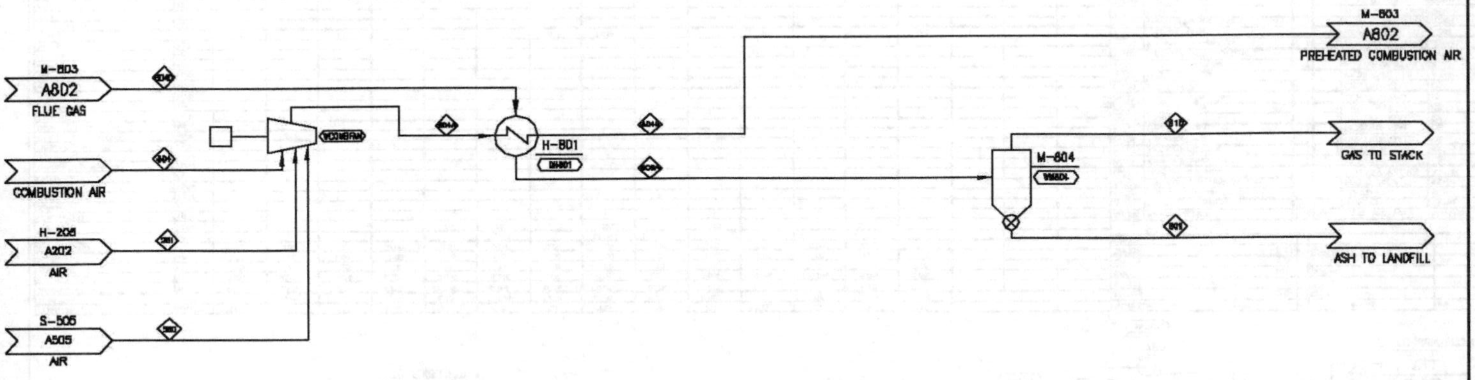

COMPONENT	UNITS	261	560	804	804A	804B	804D	809	809A	810
Total Flow	kg/hr	4,894	5,999	260,116	271,009	271,009	355,828	4,492	355,828	351,336
Insoluble Solids	%	0.0%	0.0%	0.0%	0.0%	0.0%	1.3%	100.0%	1.3%	0.0%
Soluble Solids	%	0.0%	0.1%	0.0%	0.0%	0.0%	0.3%	0.0%	0.3%	0.3%
Temperature	C	38	38	24	26	204	278		164	164
Pressure	atm	1.00	3.20	1.00	1.01	1.01	0.97		0.97	0.97
Vapor Fraction		1.00	1.00	1.00	1.00	1.00	0.99	0.00	0.99	1.00
Ethanol	kg/hr	0	0		0	0	0		0	0
Water	kg/hr	205	74	3,382	3,661	3,661	67,617		67,617	67,617
Glucose (SS)	kg/hr						1		1	1
Xylose (SS)	kg/hr						7		7	7
Arabinose (SS)	kg/hr						2		2	2
Other Sugars (SS)	kg/hr						2		2	2
Cellobiose (SS)	kg/hr						3		3	3
Glucose Oligomers (SS)	kg/hr						14		14	14
Xylose Oligomers (SS)	kg/hr						5		5	5
Other Oligomers (SS)	kg/hr						7		7	7
Corn Steep Liquor (SS)	kg/hr	0	4		4	4	996		996	996
Others (Soluble Solids)	kg/hr						74		74	74
Acetic Acid	kg/hr	1	1		1	1	21		21	21
Sulfuric Acid	kg/hr		0		0	0	2		2	2
Furfural	kg/hr	1	0		2	2	0		0	0
HMF	kg/hr	0	0		0	0	0		0	0
Carbon Dioxide	kg/hr						65,570		65,570	65,570
Methane	kg/hr						3		3	3
Oxygen	kg/hr	984	1,243	59,411	61,638	61,638	10,273		10,273	10,273
Nitrogen	kg/hr	3,702	4,677	197,324	205,703	205,703	206,283		206,283	206,283
Others	kg/hr	0	0		0	0	402		402	402
Cellulose (IS)	kg/hr						14	13	14	0
Xylan (IS)	kg/hr						4	4	4	0
Arabinan (IS)	kg/hr						1	1	1	0
Other Sugar Polymers (IS)	kg/hr						1	1	1	0
Cellulase (IS)	kg/hr						6	6	6	0
Biomass (IS)	kg/hr						1	1	1	0
Zymo (IS)	kg/hr						10	9	10	0
Lignin (IS)	kg/hr						142	140	142	2
Gypsum (IS)	kg/hr						28	27	28	0
Ca(OH)2 (IS)	kg/hr									
Others (Insoluble Solids)	kg/hr						4,342	4,290	4,342	52
Enthalpy Flow (millions)	Kcal/hr	-0.6	-0.2	-10.9	-11.7	0.2	-347.1	-12.0	-359.0	-347.0
Average Density	g/ml	0.0011	0.0036	0.0012	0.0012	0.0007	0.0407	3.1415	0.0409	0.0012

Heat Stream No.	MM kcal/hr	Work Stream No.	kW
QH801	11.86	WCOMBFAN	119.95
		WM804	176.00

Eq. No.	Equipment Name	Req.	Spare	Equipment Type	Mat Const.
H-801	Burner Combustion Air Preheater	1		MISCELLANEOUS	
M-804	Combustion Gas Baghouse	1		FABRIC-FILTER	A285C;FABRIC

NREL NATIONAL RENEWABLE ENERGY LABORATORY

SECTION A800
BOILER FEED DRYING

102031.xls PFD-P110-A801 B

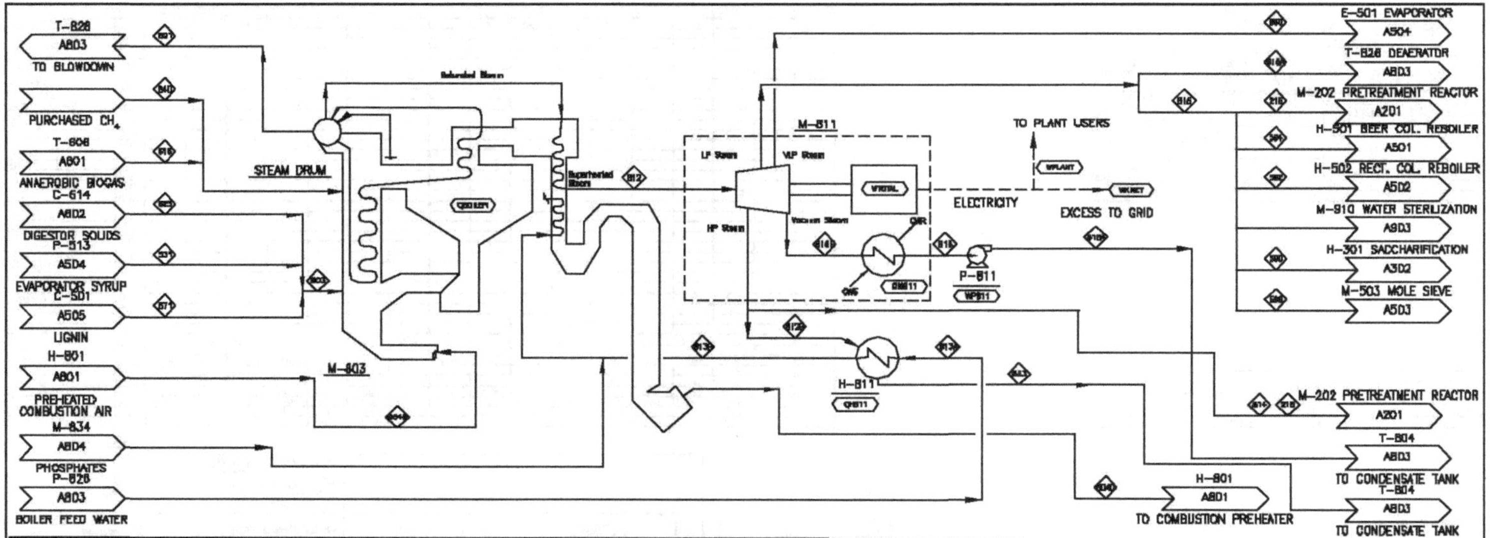

COMPONENT	UNITS	331	571	615	623	803	804B	804D	812	812B
Total Flow	kg/hr	39,922	44,073	625	218	84,215	271,009	353,828	184,771	14,240
Insoluble Solids	%	2.4%	48.3%	0.0%	30.0%	26.5%	0.0%	1.3%	0.0%	0.0%
Soluble Solids	%	23.8%	4.9%	0.0%	0.1%	14.8%	0.0%	0.3%	0.0%	0.0%
Temperature	C	64	38	35	21	55	204	278	510	268
Pressure	atm	0.21	3.20	1.00	1.00	1.00	1.01	0.97	86.06	13.00
Vapor Fraction		0.00	0.00	1.00	0.00	0.00	1.00	0.99	1.00	1.00
Ethanol	kg/hr	0	3	0	0	3	0	0		
Water	kg/hr	23,937	19,783	28	152	43,893	3,661	67,617	184,771	14,240
Glucose (SS)	kg/hr	57	6			63		1		
Xylose (SS)	kg/hr	629	70		0	699		7		
Arabinose (SS)	kg/hr	150	17			167		2		
Other Sugars (SS)	kg/hr	176	20			196		2		
Cellobiose (SS)	kg/hr	249	28			277		3		
Glucose Oligomers (SS)	kg/hr	1,282	144			1,426		14		
Xylose Oligomers (SS)	kg/hr	447	50			497		5		
Other Oligomers (SS)	kg/hr	670	75			746		7		
Corn Steep Liquor (SS)	kg/hr		992	0	0	992	4	996		
Others (Soluble Solids)	kg/hr	6,628	743			7,372		74		
Acetic Acid	kg/hr	1,757	363	0	0	2,120	1	21		
Sulfuric Acid	kg/hr	107	12			118	0	2		
Furfural	kg/hr	2	8	0	0	9	2	0		
HMF	kg/hr	0	1	0	0	1	0	0		
Carbon Dioxide	kg/hr			273	0	0		63,570		
Methane	kg/hr			324	0	0		3		
Oxygen	kg/hr		0	0	0	0	61,638	10,273		
Nitrogen	kg/hr		1	0	0	1	205,703	206,283		
Others	kg/hr	2,847	468	0	0	3,315	0	402		
Cellulose (IS)	kg/hr	20	1,337			1,358		14		
Xylan (IS)	kg/hr	7	430			437		4		
Arabinan (IS)	kg/hr	1	60			61		1		
Other Sugar Polymers (IS)	kg/hr	1	72			73		1		
Cellulase (IS)	kg/hr	244	325			568		6		
Biomass (IS)	kg/hr	0	0		65	65		1		
Zymo (IS)	kg/hr	408	544			952		10		
Lignin (IS)	kg/hr	214	13,967			14,181		142		
Gypsum (IS)	kg/hr	0	27			28		28		
Ca(OH)2 (IS)	kg/hr									
Others (Insoluble Solids)	kg/hr	69	4,528			4,597		4,342		
Enthalpy Flow (millions)	Kcal/hr	-88.4	-136.2	-1.0	-0.6	-225.2	0.2	-347.1	-554.1	-44.2
Average Density	g/ml	1.0845	1.3326	0.0009	1.1481	1.2092	0.0007	0.0407	0.0259	0.0055

COMPONENT	813A	813B	814	815	815A	815B	816	816A	821	823	840	860
Total Flow	190,485	190,485	37,234	95,287	16,663	16,486	16,486	16,486	5,715	14,240	0	4,858
Insoluble Solids	0.0%	0.0%	0.0%	0.0%	0.0%	0.0%	0.0%	0.0%	0.0%	0.0%	0.0%	0.0%
Soluble Solids	0.0%	0.0%	0.0%	0.0%	0.0%	0.0%	0.0%	0.0%	0.0%	0.0%	0.0%	0.0%
Temperature	139	177	268	164	164	46	46	46	309	190	25	115
Pressure	98.31	97.63	13.00	4.42	4.42	0.10	0.10	4.20	96.26	12.32	1.00	1.68
Vapor Fraction	0.00	0.00	1.00	1.00	1.00	0.87	0.00	0.00	0.00	0.00	1.00	0.97
Ethanol												
Water	190,485	190,485	37,234	95,287	16,663	16,486	16,486	16,486	5,715	14,240		4,858
Glucose (SS)												
Xylose (SS)												
Arabinose (SS)												
Other Sugars (SS)												
Cellobiose (SS)												
Glucose Oligomers (SS)												
Xylose Oligomers (SS)												
Other Oligomers (SS)												
Corn Steep Liquor (SS)												
Others (Soluble Solids)												
Acetic Acid												
Sulfuric Acid												
Furfural												
HMF												
Carbon Dioxide												
Methane											0	
Oxygen												
Nitrogen												
Others												
Cellulose (IS)												
Xylan (IS)												
Arabinan (IS)												
Other Sugar Polymers (IS)												
Cellulase (IS)												
Biomass (IS)												
Zymo (IS)												
Lignin (IS)												
Gypsum (IS)												
Ca(OH)2 (IS)												
Others (Insoluble Solids)												
Enthalpy Flow (millions)	-699.8	-692.4	-115.6	-300.3	-52.5	-53.9	-62.1	-62.1	-19.9	-51.6	0.0	-15.5
Average Density	0.9320	0.8963	0.0055	0.0023	0.0023	0.0001	0.9898	0.9899	0.6925	0.8763	0.0007	0.0010

Heat Stream No.	MM kcal/hr	Work Stream No.	kW
QBOILER	118.35	WKNET	-18747.45
QH811	-0.64	WP811	3.89
QM811	8.22	WPLANT	11717.68
		WTOTAL	-30465.14

Eq. No.	Equipment Name	Req.	Spare	Equipment Type	Mat Const.
H-811	BFW Preheater	1		SHELL-TUBE	SS304
M-803	Fluidized Bed Combustion Reactor	1		MISCELLANEOUS	CS
M-811	Turbine/Generator	1		STEAM-TURBINE	
P-811	Turbine Condensate Pump	2		CENTRIFUGAL	SS304

NATIONAL RENEWABLE ENERGY LABORATORY

Biotechnology Center For Fuels And Chemicals

SECTION A800

COMBUSTOR AND TURBOGENERATOR

I02031.xls

PFD-P110-A802 B

REV	DESCRIPTION	DATE
A	[illegible]	[illegible]
B	[illegible]	[illegible]

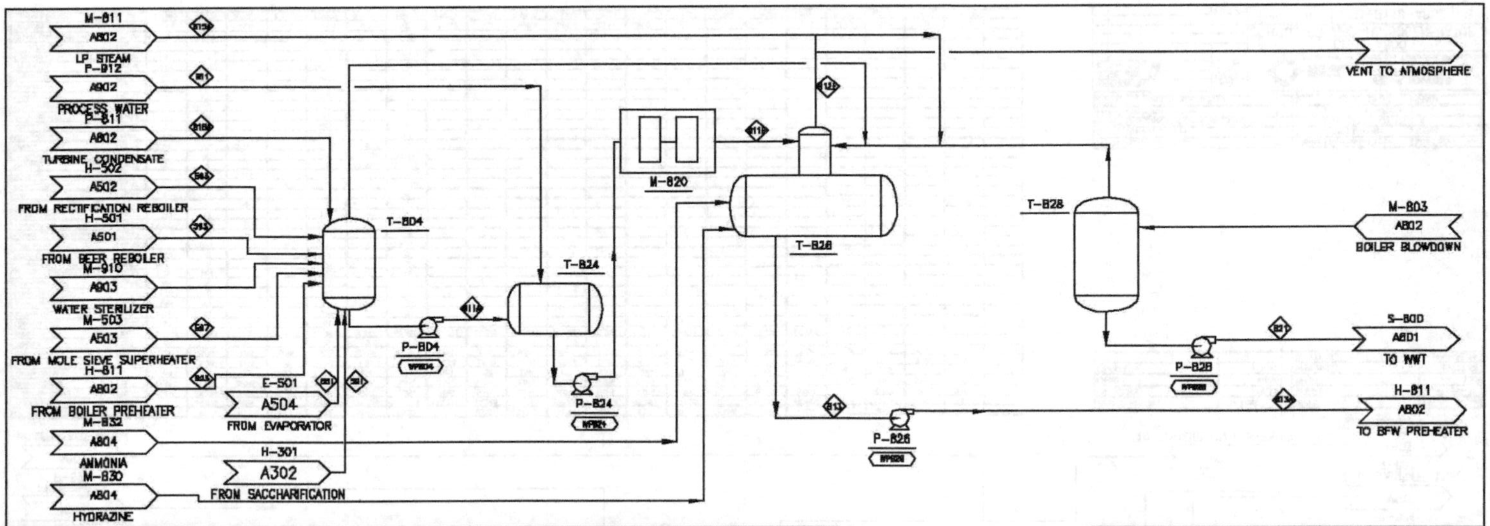

COMPONENT	UNITS	591	593	595	597	811	811A	811B	812B	813	813A	815A	816A	821	823	861		
Total Flow	kg/hr	9,490	8,164	65,505	621	54,456	119,364	173,820	0	190,485	190,485	16,665	16,486	5,715	14,240	4,858		
Insoluble Solids	%	0.0%	0.0%	0.0%	0.0%	0.0%	0.0%	0.0%	0.0%	0.0%	0.0%	0.0%	0.0%	0.0%	0.0%	0.0%		
Soluble Solids	%	0.0%	0.0%	0.0%	0.0%	0.0%	0.0%	0.0%	0.0%	0.0%	0.0%	0.0%	0.0%	0.0%	0.0%	0.0%		
Temperature	C	148	148	148	148	26	115	87		137	139	164	46	309	190	115		
Pressure	atm	4.42	4.42	4.42	4.42	3.40	1.70	3.40	3.30	3.30	98.31	4.42	4.20	96.26	12.32	1.68		
Vapor Fraction		0.00	0.00	0.00	0.00	0.00	0.00	0.00	0.00	0.00	0.00	1.00	0.00	0.00	0.00	0.00		
Ethanol	kg/hr																	
Water	kg/hr	9,490	8,164	65,505	621	54,456	119,364	173,820		190,485	190,485	16,665	16,486	5,715	14,240	4,858		
Glucose (SS)	kg/hr																	
Xylose (SS)	kg/hr																	
Arabinose (SS)	kg/hr																	
Other Sugars (SS)	kg/hr																	
Cellobiose (SS)	kg/hr																	
Glucose Oligomers (SS)	kg/hr																	
Xylose Oligomers (SS)	kg/hr																	
Other Oligomers (SS)	kg/hr																	
Corn Steep Liquor (SS)	kg/hr																	
Others (Soluble Solids)	kg/hr																	
Acetic Acid	kg/hr																	
Sulfuric Acid	kg/hr																	
Furfural	kg/hr																	
HMF	kg/hr																	
Carbon Dioxide	kg/hr																	
Methane	kg/hr																	
Oxygen	kg/hr																	
Nitrogen	kg/hr																	
Others	kg/hr																	
Cellulose (IS)	kg/hr																	
Xylan (IS)	kg/hr																	
Arabinan (IS)	kg/hr																	
Other Sugar Polymers (IS)	kg/hr																	
Cellulase (IS)	kg/hr																	
Biomass (IS)	kg/hr																	
Zymo (IS)	kg/hr																	
Lignin (IS)	kg/hr																	
Gypsum (IS)	kg/hr																	
Ca(OH)2 (IS)	kg/hr																	
Others (Insoluble Solids)	kg/hr																	
Enthalpy Flow (millions)	Kcal/hr	-34.7	-29.9	-239.7	-2.3	-206.3	-441.6	-647.9		-700.4	-699.8	-52.5	-62.1	-19.9	-51.6	-18.0		
Average Density	g/ml	0.8653	0.8653	0.8653	0.8653	0.9970	0.9467	0.9670		0.9283	0.9320	0.0023	0.9899	0.6925	0.8763	0.9466		

Heat Stream No.	MM kcal/hr	Work Stream No.	kW
		WP804	20.46
		WP824	11.44
		WP826	719.27
		WP828	1.80

Eq. No.	Equipment Name	Req.	Spare	Equipment Type	Mat Const.
M-820	Hot Process Water Softener System	1		PACKAGE	
P-804	Condensate Pump	2		CENTRIFUGAL	SS316
P-824	Deaerator Feed Pump	2		CENTRIFUGAL	SS304
P-826	BFW Pump	5		CENTRIFUGAL	SS316
P-828	Blowdown Pump	2		CENTRIFUGAL	CS
T-804	Condensate Collection Tank	1		VERTICAL-VESSEL	A285C
T-824	Condensate Surge Drum	1		HORIZONTAL-VESSEL	SS304
T-826	Deaerator	1		HORIZONTAL-VESSEL	CS;SS316
T-828	Blowdown Flash Drum	1		HORIZONTAL-VESSEL	CS

NATIONAL RENEWABLE ENERGY LABORATORY
Biotechnology Center For Fuels And Chemicals

SECTION A800
BOILER FEED WATER PREPARATION

102031.xls PFD-P110-A803 B

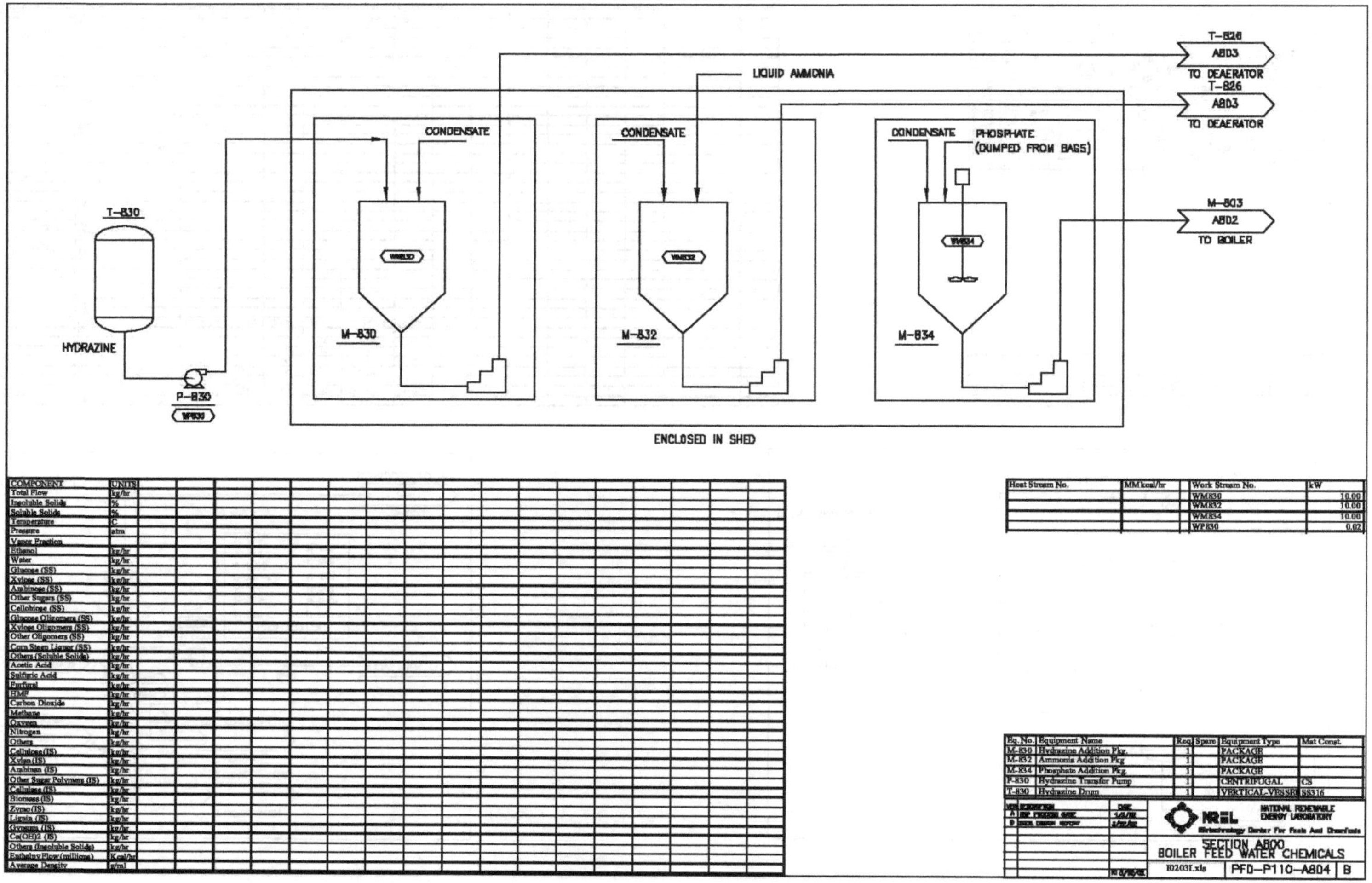
T-830
HYDRAZINE
P-830
WP830
CONDENSATE
CONDENSATE
CONDENSATE
PHOSPHATE
(DUMPED FROM BAGS)
LIQUID AMMONIA
WM830
WM832
WM834
M-830
M-832
M-834
ENCLOSED IN SHED
T-826
A803
TO DEAERATOR
T-826
A803
TO DEAERATOR
M-803
A802
TO BOILER
Heat Stream No.
MMkcal/hr
Work Stream No.
kW
WM830 10.00
WM832 10.00
WM834 10.00
WP830 0.02
Eq. No.
Equipment Name
Req
Spare
Equipment Type
Mat Const.
M-830 Hydrazine Addition Pkg. 1 PACKAGE
M-832 Ammonia Addition Pkg 1 PACKAGE
M-834 Phosphate Addition Pkg 1 PACKAGE
P-830 Hydrazine Transfer Pump 1 CENTRIFUGAL CS
T-830 Hydrazine Drum 1 VERTICAL-VESSEL SS316
NATIONAL RENEWABLE ENERGY LABORATORY
SECTION A800
BOILER FEED WATER CHEMICALS
PFD-P110-A804
B

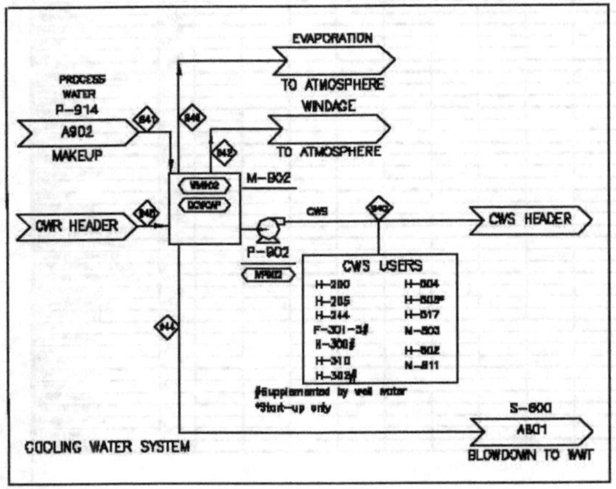

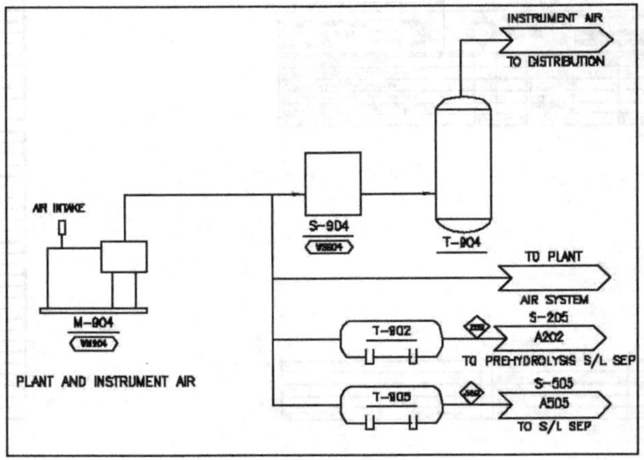

COMPONENT	UNITS	259	559	940	941	942	944	945	949
Total Flow	kg/hr	4,687	5,921	12,256,909	158,828	9,330	14,439	12,256,909	135,059
Insoluble Solids	%	0.0%	0.0%	0.0%	0.0%	0.0%	0.0%	0.0%	0.0%
Soluble Solids	%	0.0%	0.0%	0.0%	0.0%	0.0%	0.0%	0.0%	0.0%
Temperature	C	40	40	37	28	28	28	28	28
Pressure	atm	9.51	9.51	4.08	1.00	1.00	1.00	4.08	0.04
Vapor Fraction		1.00	1.00	0.00	0.00	0.00	0.00	0.00	1.00
Ethanol	kg/hr								
Water	kg/hr			12,256,909	158,828	9,330	14,439	12,256,909	135,059
Glucose (SS)	kg/hr								
Xylose (SS)	kg/hr								
Arabinose (SS)	kg/hr								
Other Sugars (SS)	kg/hr								
Cellobiose (SS)	kg/hr								
Glucose Oligomers (SS)	kg/hr								
Xylose Oligomers (SS)	kg/hr								
Other Oligomers (SS)	kg/hr								
Corn Steep Liquor (SS)	kg/hr								
Others (Soluble Solids)	kg/hr								
Acetic Acid	kg/hr								
Sulfuric Acid	kg/hr								
Furfural	kg/hr								
HMF	kg/hr								
Carbon Dioxide	kg/hr								
Methane	kg/hr								
Oxygen	kg/hr	984	1,243						
Nitrogen	kg/hr	3,703	4,678						
Others	kg/hr								
Cellulose (IS)	kg/hr								
Xylan (IS)	kg/hr								
Arabinan (IS)	kg/hr								
Other Sugar Polymers (IS)	kg/hr								
Cellulase (IS)	kg/hr								
Biomass (IS)	kg/hr								
Zymo (IS)	kg/hr								
Lignin (IS)	kg/hr								
Gypsum (IS)	kg/hr								
Ca(OH)2 (IS)	kg/hr								
Others (Insoluble Solids)	kg/hr								
Enthalpy Flow (millions)	Kcal/hr	0.0	0.0	-46287.8	-601.1	-35.3	-54.6	-46390.7	-432.8
Average Density	g/ml	0.0106	0.0106	0.9819	0.9906	0.9906	0.9906	0.9906	0.0000

Heat Stream No.	MM kcal/hr	Work Stream No.	kW
OCWCAP	102.94	WM902	657.67
		WM904	1110.89
		WP902	1258.33
		WS904	7.36

Eq. No.	Equipment Name	Req	Spare	Equipment Type	Mat Const.
M-902	Cooling Tower System	1		INDUCED-DRAFT	FIBERGLASS
M-904	Plant Air Compressor	2	1	CENTRIFUGAL	
P-902	Cooling Water Pump	1	1	CENTRIFUGAL	CS
S-904	Instrument Air Dryer	1	1	PACKAGE	CS
T-902	Prehydrolysis Filter Air Receiver	3		HORIZONTAL-PRESSURE	
T-904	Plant Air Receiver	1		HORIZONTAL-VESSEL	
T-905	Product Recovery Filter Air Receiver	4		HORIZONTAL-PRESSURE	

NATIONAL RENEWABLE ENERGY LABORATORY

SECTION A900
COOLING WTR PLNT & INST AIR SYS

102031.xls | PFD-P110-A901 | B

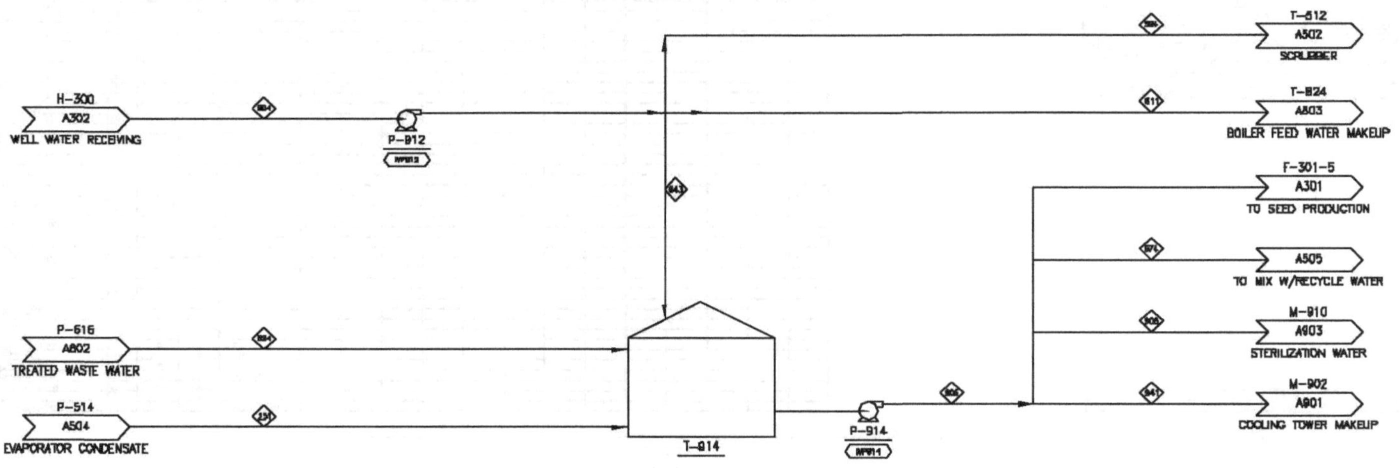

COMPONENT	UNITS	251	524	574	624	811	904	905	906	941	943
Total Flow	kg/hr	71,466	35,912	104,579	95,805	54,456	186,649	263,552	145	158,828	96,281
Insoluble Solids	%	0.0%	0.0%	0.0%	0.0%	0.0%	0.0%	0.0%	0.0%	0.0%	0.0%
Soluble Solids	%	0.1%	0.0%	0.0%	0.1%	0.0%	0.0%	0.1%	0.0%	0.0%	0.0%
Temperature	C	74	26	20	21	26	26	38	20	28	26
Pressure	atm	3.00	1.00	1.00	1.00	3.40	1.00	1.00	1.00	1.00	1.00
Vapor Fraction		0.00	0.00	0.00	0.00	0.00	0.00	0.00	0.00	0.00	0.00
Ethanol	kg/hr	51			1			52			
Water	kg/hr	70,684	35,912	104,579	95,658	54,456	186,649	262,624	145	158,828	96,281
Glucose (SS)	kg/hr										
Xylose (SS)	kg/hr	0			0			0			
Arabinose (SS)	kg/hr	0						0			
OtherSugars (SS)	kg/hr										
Cellobiose (SS)	kg/hr										
Glucose Oligomers (SS)	kg/hr										
Xylose Oligomers (SS)	kg/hr	0						0			
Other Oligomers (SS)	kg/hr										
Corn Steep Liquor (SS)	kg/hr	96			79			175			
Others (Soluble Solids)	kg/hr										
Acetic Acid	kg/hr	540			3			543			
Sulfuric Acid	kg/hr	0						0			
Furfural	kg/hr	80			3			83			
HMF	kg/hr	12			0			13			
Carbon Dioxide	kg/hr				0			0			
Methane	kg/hr				0			0			
Oxygen	kg/hr				1			1			
Nitrogen	kg/hr				1			1			
Others	kg/hr	3			58			60			
Cellulose (IS)	kg/hr										
Xylan (IS)	kg/hr										
Arabinan (IS)	kg/hr										
Other Sugar Polymers (IS)	kg/hr										
Cellulase (IS)	kg/hr										
Biomass (IS)	kg/hr										
Zymo (IS)	kg/hr										
Lignin (IS)	kg/hr										
Gypsum (IS)	kg/hr										
Ca(OH)2 (IS)	kg/hr										
Others (Insoluble Solids)	kg/hr										
Enthalpy Flow (millions)	Kcal/hr	-265.8	-136.0	-396.6	-363.2	-206.3	-706.8	-993.6	-0.5	-601.1	-364.6
Average Density	g/ml	0.9442	0.9925	0.9983	0.9973	0.9970	0.9925	0.9811	0.9983	0.9906	0.9925

Heat Stream No.	MM kcal/hr		Work Stream No.	kW
			WP912	20.85
			WP914	58.67

Eq. No.	Equipment Name	Req.	Spare	Equipment Type	Mat Const.
P-912	Make-up Water Pump	1	1	CENTRIFUGAL	CS
P-914	Process Water Circulating Pump	2	1	CENTRIFUGAL	CS
T-914	Process Water Tank	1		FLAT-BTM-STORAGE	SS

NATIONAL RENEWABLE ENERGY LABORATORY

SECTION A900
PROCESS WATER

I02031.xls | PFD-P110-A902 | B

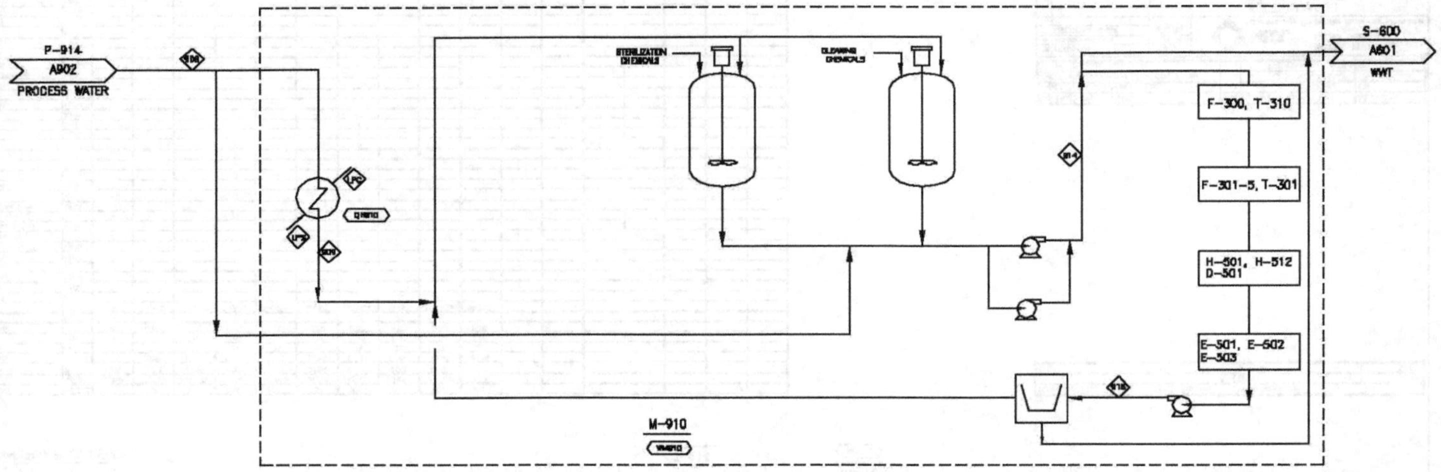

COMPONENT	UNITS	906	909	914	916
Total Flow	kg/hr	145	145	63	63
Insoluble Solids	%	0.0%	0.0%	0.0%	0.0%
Soluble Solids	%	0.0%	0.0%	0.0%	0.0%
Temperature	C	20	121	20	20
Pressure	atm	1.00	1.00	1.00	1.00
Vapor Fraction		0.00	1.00	0.00	0.00
Ethanol	kg/hr				
Water	kg/hr	145	145	63	63
Glucose (SS)	kg/hr				
Xylose (SS)	kg/hr				
Arabinose (SS)	kg/hr				
Other Sugars (SS)	kg/hr				
Cellobiose (SS)	kg/hr				
Glucose Oligomers (SS)	kg/hr				
Xylose Oligomers (SS)	kg/hr				
Other Oligomers (SS)	kg/hr				
Corn Steep Liquor (SS)	kg/hr				
Others (Soluble Solids)	kg/hr				
Acetic Acid	kg/hr				
Sulfuric Acid	kg/hr				
Furfural	kg/hr				
HMF	kg/hr				
Carbon Dioxide	kg/hr				
Methane	kg/hr				
Oxygen	kg/hr				
Nitrogen	kg/hr				
Others	kg/hr				
Cellulose (IS)	kg/hr				
Xylan (IS)	kg/hr				
Arabinan (IS)	kg/hr				
Other Sugar Polymers (IS)	kg/hr				
Cellulase (IS)	kg/hr				
Biomass (IS)	kg/hr				
Zymo (IS)	kg/hr				
Lignin (IS)	kg/hr				
Gypsum (IS)	kg/hr				
Ca(OH)2 (IS)	kg/hr				
Others (Insoluble Solids)	kg/hr				
Enthalpy Flow (millions)	Kcal/hr	-0.5	-0.5	-0.2	-0.2
Average Density	g/ml	0.998	0.001	0.998	0.998

Heat Stream	Mmkcal/hr	Work Stream No.	kW
QH910	-0.09	WM910	257.36

Eq. No.	Equipment Name	Req.	Spare	Equipment Type	Mat Const.
M-910	CIP System	1		MISCELLANEOUS	CS

NATIONAL RENEWABLE ENERGY LABORATORY

SECTION A900
STERILE WATER & CIP/CS SYSTEMS

I0203I.xls | PFD-P110-A903 | B

第二篇　基于生物质来源的最具潜力的高附加值化学品

——以糖和合成气为原料的高附加值化学品的筛选

主编：T. Werpy，G. Petersen

作者：J. Holladay，J. White（PNNL）
Amy Manheim（DOE-HQ）
D. Elliot，L. Lasure，S. Jones，M. Gerber（PNNL）
K. Ibsen，L. Lumberg，S. Kelley（NREL）

出版机构：美国国家可再生能源实验室（National Renewable Energy Laboratory，NREL）
美国太平洋西北国家实验室（Pacific Northwest National Laboratory，PNNL）
生物质计划办公室（Office of Biomass Program，EERE），Department of Energy（DOE）

出版时间：2004 年 8 月

本 篇 目 录

概　　述

本报告确定了 12 种从糖质原料出发、由生物或化学转化途径获得的基础化学品(building block chemicals)。这些基础化学品可以进一步转化为高附加值的生物基化学品或材料。在本报告所做的分析中，基础化学品可以被理解为含有多个功能基团的分子，这些分子具有被转化成有其他新用途的物质的潜力。12 种基础化学品包括：1，4-二羧酸（琥珀酸、延胡索酸和苹果酸）、2，5-呋喃二羧酸、3-羟基丙酸、天冬氨酸、葡萄糖二酸、谷氨酸、衣康酸、乙酰丙酸、3-羟基丁内酯、甘油、山梨醇及木糖醇/阿拉伯糖醇。

基础化学品
琥珀酸、延胡索酸和苹果酸
2，5-呋喃二羧酸
3-羟基丙酸
天冬氨酸
葡萄糖二酸
谷氨酸
衣康酸
乙酰丙酸
3-羟基丁内酯
甘油
山梨醇
木糖醇/阿拉伯糖醇

本报告中的每个基础化学品及其衍生物的合成都将从两步转化途径来进行阐述。第一步途径是研究由糖质原料向基础化学品的转化过程；第二步是由基础化学品转化成次级化学品及其衍生物的过程。大部分植物来源的生物质转化为基础化学品的过程可以通过生物转化实现，但是从基础化学品生成衍生物或中间体化学品的转化则主要通过化学转化实现。鉴于这些途径与生物质来源的糖质原料利用有关，本报告对这些途径研究的技术挑战和复杂性进行了简要的概述，以期对改善过程经济的研发有所帮助。实际上，本报告中所列的大多数转化过程的技术障碍在现有糖质原料的生物和化学加工过程中都普遍存在。

最终筛选得到的 12 种高附加值基础化学品是从 300 多种候选化学品中筛选出来的。使用反复验证的筛选方法先初筛出了 30 种具有应用潜力的候选化学品。这种方法是以已有的石油化工化学品模型、化学品数据、已知的市场信息、化学品物性、化学品所具有的应用潜能以及太平洋西北国家实验室（PNNL）和国家可再生能源实验室

(NREL）先前的研究和工业经验等为基础验证的。初筛后，对这些选出的化学品及其衍生物的市场潜力、转化途径技术的复杂性进行探讨、研究，最终又从初筛出的 30 种化学品中确定了 12 种最具开发潜力的基础化学品。同时也从中筛选出了经济潜能略低的基础化学品，包括葡萄糖酸、乳酸、丙酸、三元酸类、柠檬酸、乌头酸、木质酸、乙偶姻、糠醛、左旋葡聚糖、赖氨酸、丝氨酸和苏氨酸。本报告提出了今后的研究方向，包括考察芳烃、多糖类、油脂等生物质来源的高附加值化学品，并详细地评价了化学和生物转换过程中的技术挑战，以及这些候选化学品潜在的转化途径。

1 背　　景

美国拥有丰富的和多样化的农业和森林资源、未开发的农田资源及良好的气候条件，再加上卓越的科技实力，美国现在正值利用国内生物质资源增加能量供给的重大机遇。

美国能源部所属能源效率与可再生能源办公室的生物质计划项目（Biomass Program）直接支持着美国总统的国家能源政策（President's National Energy Policy）、2000年生物质研发法案（Biomass R&D Act of 2000）和2002年农业安全和农业投资法案（the Farm Security and Rural Investment Act of 2002）中提出来的一些目标。为了达到这些目标，生物质计划项目支持建立一个集成的生物炼制过程，从生物质中提取出碳水化合物、油脂、木质素和其他物质，并且把这些物质转化成燃料、高附加值化学品等多种产品。今天，玉米的湿法和干法加工、纸浆和造纸厂都是生物炼制的例子，这些工厂都能够联合生产食品、动物饲料、能量以及工业与民用产品。

本报告是研究未来以生物质为原料的若干高附加值产品开发的展望中的一项工作。这一工作的目标是确定一系列具有开发潜力的源于糖质原料的基础化学品和材料，这些化学品和材料将可能成为生物炼制过程的一种驱动力。通过把高附加值的生物基化学品的生产整合入燃料和能源生产的生物炼制过程，将使这一过程的经济效益和生产能力得以改善。经济效益的提高可以吸引更多新的生物公司投资于生物炼制，为美国的燃料和能量供给做出贡献。生产能力和效率的提高可以通过各种方式实现降低生产成本的目标，包括降低生物炼制操作单元的能源消耗，最大限度地利用各种原料、副产物和废渣，实现规模经济，研制通用的加工工艺、原料及设备等。

2 目　标

2002年美国能源部能源效率与可再生能源办公室把先前独立的生物燃料计划、生物发电计划、生物基产品计划合并为单一的生物质计划项目（Biomass Program）。促进生产多元化的生物炼制行业的发展是整合这些计划的主要目标，其中所指的多元化包括高价值化学品、燃料和电力的生产等。生物质计划项目办公室要求国家可再生能源实验室和西太平洋国家实验室的研究人员确定10种生物质来源的高附加值基础化学品，这些基础化学品必须在经济上、技术上对集成生物炼制中的燃料和电力生产给予支持。与此同时，还必须清楚地列出相关生产技术中所遇到的技术挑战和障碍。本报告是生物质计划项目办公室正在进行的系列报告中的一个，这一系列报告中包括一个分年度计划的规划、一个分年度技术的规划、一个分析规划、一个通讯交流规划和一个年度运作规划。

3 总体策略

本报告采用的分析方法的具体步骤如图 1 所示。

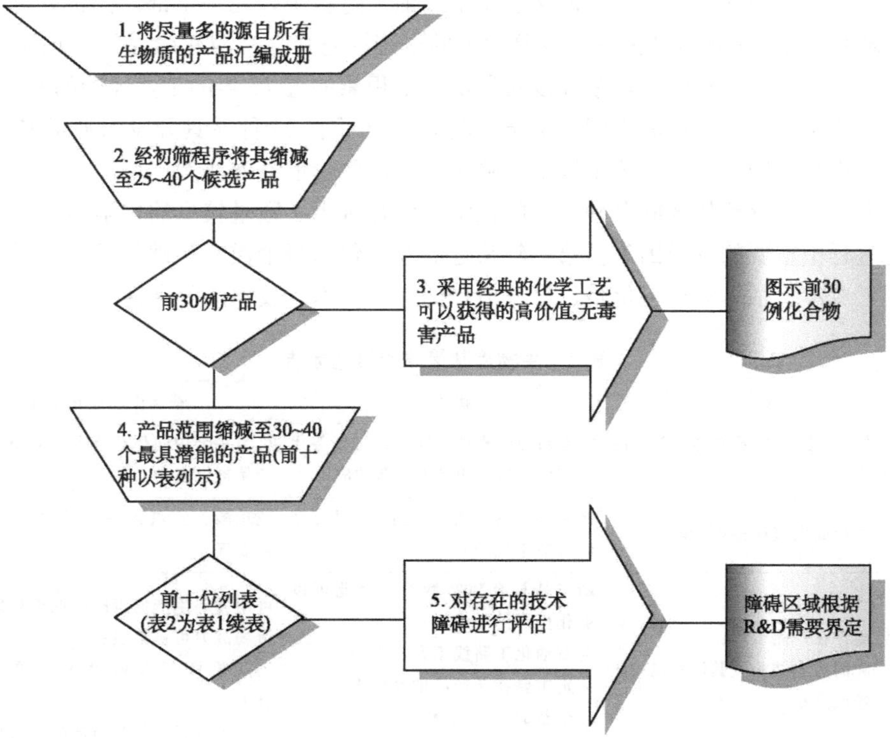

图 1　总体选择策略的直观表示图

本文共收集了 300 多种不同来源获得的基础化学品，并编制了 Access 数据库。这些化学品的选择主要是参考美国能源部和国家实验室以往的报告以及各种工业和学术研究资料。整个数据库中包括了这些化学品的化学名称、结构、生物质原料来源、生产工艺现状和前景、在大宗化学品/精细化学品/聚合物或食品/农业化学产品中的分类，以及相关文献和引用信息。用于初筛的标准包括原料价格、估算的加工成本、目前的市场容量与价格，以及与现在或将来的生物炼制过程的关联性。有意思的是，这样的初筛标准对于数据库中基于糖质原料的各候选化学品之间并没能形成明显的区分，这样图 1 的第二步就没有办法产生一个数量较少的候选化合物的数据库。所以，需要采用另外的方法以进一步减少候选化学品的数量，这种方法将在下面的筛选步骤中进行具体描述。

4　获取 30 种最具开发潜质化学品的初筛

我们借鉴传统石油化工产业上所使用的流程图的概念，找到了一种如图 2 所示的新型的、更为有效的筛选方法。石油化工化学品加工过程中，几乎全部产品都来源于 8～9 种基础化合物。筛选方法是一个反复验证的过程，它建立在对化学品及其预期市场生产情况、潜在候选材料和性能估计以及科研小组积累的近 75 年的工业经验的基础之上。借鉴图 2 所示的石油工业流程图的例子，图 3 列出了前 30 种最具开发潜质的基础化学品的转化途径。图 3 中还描述了接下来筛选所使用的价值链方法。

研究小组系统地从 300 多种初始的化学品中筛选出了数量较少的化学品。表 1 列出了筛选过程中重要的选择因素。第一轮筛选的标准包括每个候选基础化学品的原料和估算的加工成本、估算的销售价格、已有最好的加工技术、技术的复杂性、市场潜力等。

表 1　生物炼制策略的筛选标准

	可直接取代已有产品	新产品	基础中间体化学品
特性	直接与已有的石油化工产品竞争	拥有新的或改良的性质，可以替代已有化学品的功能或有新的应用	可为一个中间体化学品生产多样化的产品提供基础
实例	从丙烯或乳酸获得丙烯酸	聚乳酸（唯一生产途径是葡萄糖经乳酸来生产）	琥珀酸、乙酰丙酸、谷氨酸、甘油、合成气
优势	已经存在产品市场； 明确的成本结构及其增长潜力； 市场风险小	新产品具有独特性质，因此可以弱化生产的中成本； 与石油化工路线不存在竞争； 区别主要在新产品的性能上； 有全新的市场机遇； 最有效地利用生物质特有的性质	可用循环生产的策略降低市场风险； 市场潜力可被扩展； 固定投资可以通过多种单元操作分散； 整合了替代产品和新产品的优势
劣势	与已有产品在成本上严格竞争； 与折旧费用竞争； 生物基产品绿色标签与石化产品分割不明显	市场前景不清晰； 投资风险高； 产业化时间较长	难以确定研发突破点

通过这一初筛获得了大约 50 种具有潜力的候选基础化学品。

继续使用表 1 中的筛选标准（可直接取代已有产品、新产品、基础中间体化学品），以碳的数目为分类架框（C1～C6），把 50 种候选化学品进行了分组。

接下来考察了候选化学品的化学功能性和应用前景。化学功能考虑的是候选化学品能够被化学或生物转化成的衍生物的数量。如果候选化学品的一个官能团能转化出若干衍生物，且该候选化学品含有多个这样的官能团，它就有生产出大量衍生物和有用的新化合物的潜力。

依据现有的利用情况，每种候选化学品被分成三类：传统化工加工过程中的简单中间体、用来增加烃类化合物官能团的溶剂及石油化工合成中的副产物。这一分类范畴的候选化学品包括乙酸、乙酸酐或丙酮等。

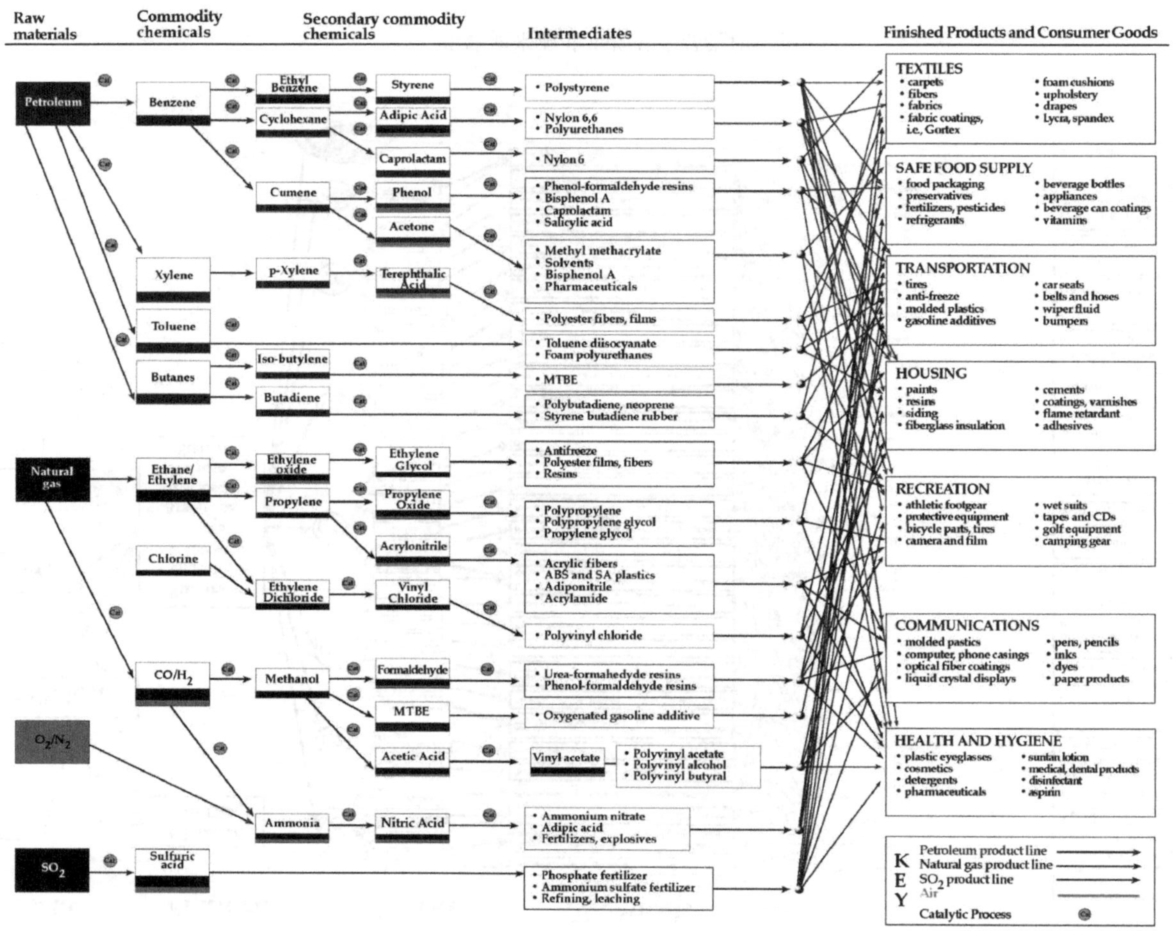

图 2 石油化工产品生产流程实例图

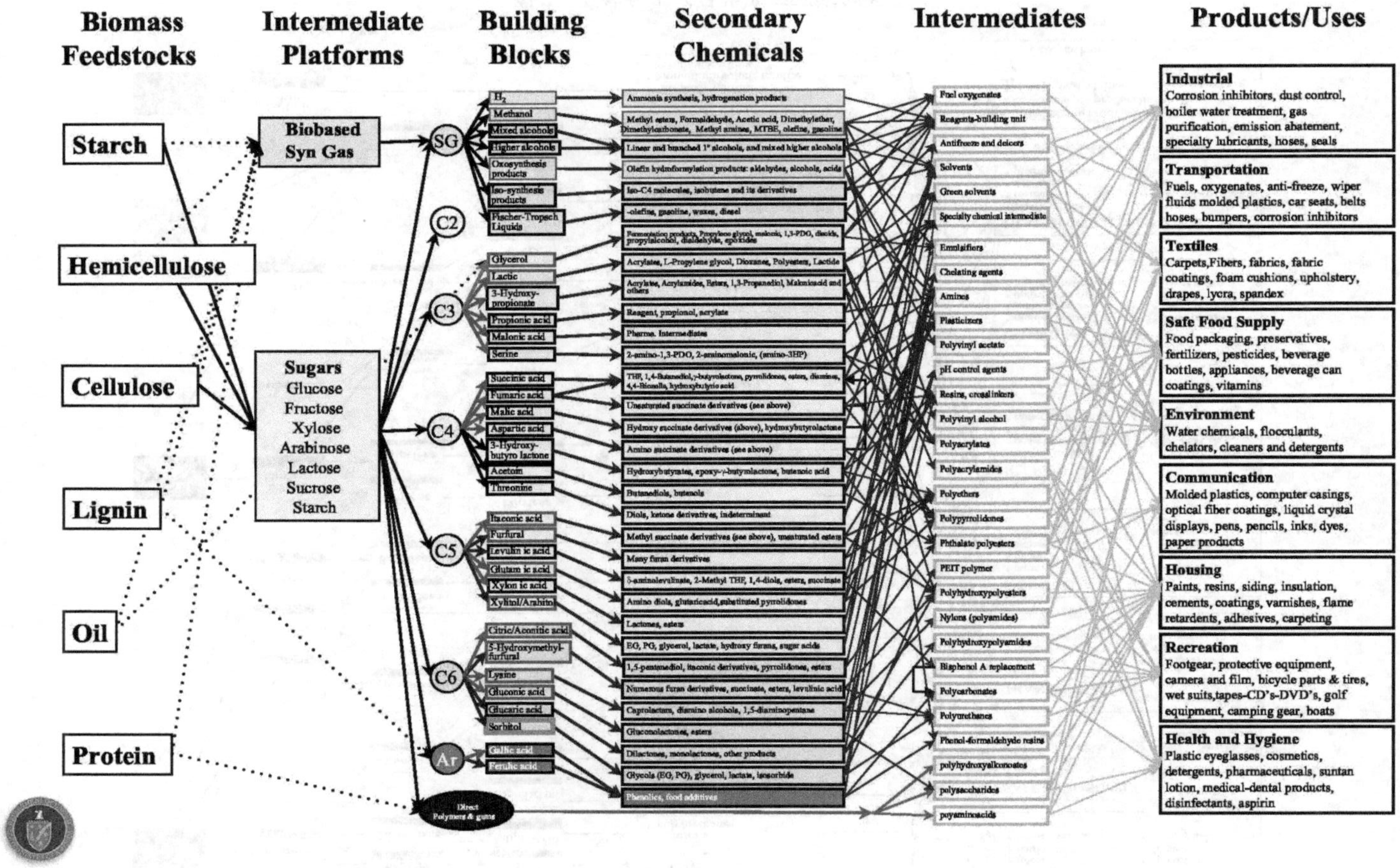

图 3　生物质来源的生物基产品类比流程

本文还考察了具有成为超级大宗化学品潜力的候选化学品。大宗化学品都来源于基础化学品或者石油炼制产品。虽然用生物质生产这些化合物是可能的，但巨额资金的投入和较低的市场竞争力是主要经济障碍，而克服这些障碍十分困难。

表2表示的是以碳数目分类的第一轮筛选结果（C1～C6）。

表2　第一轮筛选获得的最优候选化学品名录

碳数	名称	预测或已知用途（基础化学品、试剂、中间体化学品）	是否在30种化学品内	理由
1	甲酸	试剂	否	非常有限的基础化学品，一般在加C1反应中使用
1	甲醇	有限的基础化学品	否	合成气来源的超级大宗化学品
1	一氧化碳（＋氢气则成为合成气）	基础化学品	是	
1	二氧化碳	试剂	否	热力学障碍
2	乙醛	中间体化学品	否	非常有限的基础化学品
2	乙酸及其酸酐	试剂和中间体化学品	否	非常有限的基础化学品现阶段来自合成气的大宗化学品在加C2反应中使用
2	乙醇	燃料	否	预期主要用于燃料非常有限的基础化学品将成为超级大宗化学品
2	甘氨酸	试剂	否	非常有限的基础化学品，可预见的应用较少
2	草酸	试剂	否	主要应用于螯合剂和试剂
2	乙二醇	基础化学品和产品	否	超级大宗化学品
2	环氧乙烷	基础化学品和试剂	否	超级大宗化学品
3	丙氨酸	中间体	否	使用性非常有限的基础化工单元，可预见的应用较少
3	甘油	基础化学品	是	
3	3-羟基丙酸	基础化学品	是	
3	乳酸	基础化学品	是	
3	丙二酸	基础化学品和试剂	是	
3	丝氨酸	基础化学品	是	
3	丙酸	基础化学品和试剂	是	
3	丙酮	中间体化学品	否	特级大宗化学品从异丙基苯生产苯酚的副产物
4	3-羟基丁酮	基础化学品	是	
4	天冬氨酸	基础化学品	是	
4	丁醇	中间体化学品	否	大量大宗化学品不是好的基础化学品，但作为中间体有大量的市场从生物质生产没有优越性
4	延胡索酸	基础化学品	是	
4	3-羟基丁内酯	基础化学品	是	
4	苹果酸	基础化学品	是	
4	琥珀酸	基础化学品	是	

碳数	名称	预测或已知用途（基础化学品、试剂、中间体化学品）	是否在30种化学品内	理由
4	苏氨酸	基础化学品	是	
5	阿拉伯醇	基础化学品	是	
5	糠醛	基础化学品	是	
5	谷氨酸	基础化学品	是	
5	戊二酸	基础化学品	否	非常有限的市场衍生物种类未知
5	衣康酸	基础化学品	是	
5	乙酰丙酸	基础化学品	是	
5	脯氨酸	基础化学品	否	市场有限衍生物种类未知
5	木糖醇	基础化学品	是	
5	木质酸	基础化学品	是	
6	乌头酸	基础化学品	是	
6	己二酸	中间体化学品	否	大宗化学品 DOE/工业化以前的试验不成功
6	抗坏血酸	基础化学品	否	市场有限衍生物种类未知 NIST ATP 小组的成功项目
6	柠檬酸	基础化学品	是	
6	果糖	基础化学品	否	从其他途径生产其衍生物比较简单
6	2，5-呋喃二羧酸	基础化学品	是	
6	葡萄糖二酸	基础化学品	是	
6	葡萄糖酸	基础化学品	是	
6	曲酸和 Comeric acid	基础化学品	否	市场有限衍生物种类未知
6	赖氨酸	基础化学品	是	
6	山梨醇	基础化学品	是	

除去那些不符合筛选标准的化学品，上述筛选形成了一个约有 30 个基础化学品的候选目录（表 3）。在这个目录中的化学品都是具有多重官能团、适合进一步转化为衍生物或是多分子家族的，可以由木质纤维素和淀粉制得的，是一碳到六碳单体而不是从木质素衍生来的芳香族化合物，也不是已有的超级大宗化学品。

表 3　后续筛选获得的 30 种最具潜力的候选化学品

碳数	最具潜力的 30 种候选化学品
1	一氧化碳和氢气（合成气）
2	空缺
3	甘油、3-羟基丙酸、乳酸、丙二酸、丙酸、丝氨酸
4	3-羟基丁酮、天冬氨酸、延胡索酸、3-羟基丁内酯、苹果酸、琥珀酸、苏氨酸
5	阿拉伯醇、糠醛、谷氨酸、衣康酸、乙酰丙酸、脯氨酸、木糖醇、木质酸
6	乌头酸、柠檬酸、2，5-呋喃二羧酸、葡萄糖二酸、赖氨酸、左旋葡聚糖，山梨醇

值得注意的是，像乙酸和乙酸酐这样的二碳化合物被认为是潜力比较小的，而像丙酮这样已经产业化的石油副产物的三碳化合物也不考虑在内。另外，从合成气转化到氢、氨、甲醇、乙醇、乙醛和费托合成产物已经实现产业化。

5　基于糖质原料的高附加值化学品的复筛

从 30 个基础候选化学品中进行第二轮筛选后得到的 12 个基于糖质原料的基础化学品，见表 4。

表 4　基于糖质原料的基础化学品

基础化学品
1，4-二羧酸（琥珀酸、延胡索酸、苹果酸）
2，5-呋喃二羧酸
3-羟基丙酸
天冬氨酸
葡萄糖二酸
谷氨酸
衣康酸
乙酰丙酸
3-羟基丁内酯
甘油
山梨醇
木糖醇/阿拉伯醇

在某些情况下，上述分子由于有和它们的结构相关的潜在协同作用而被集合到了一起。这些分子可以是异构体、相互转化后形成的相同分子，以及经一定路径后能得到实质上是同族化合物的化学品。这些化合物组为木糖醇/阿拉伯醇、1，4-二羧酸、琥珀酸、苹果酸和延胡索酸。

每个基础化合物的摘要信息用两种不同的形式表示。第一种，表格或者“简历”信息。如表 5 给出的 3-羟基丙酸的“简历”信息。表 6 和表 7 给出了 3-羟基丙酸经还原和脱水转化的衍生物。其余的基础化学品和衍生物反应路径在第 9 章中有进一步的叙述。

表 5　糖转化成 3-羟基丙酸

转化途径	技术障碍	基础化学品的直接应用
化学途径：不清楚，可能需要多步反应，成本高昂		
生物转化：发酵法	开始工业化，但发酵途径未知； 发酵过程所需的一般要求； 提高微生物催化性能：①减少其他有机酸副产物；②增加得率和生产速率； 降低提取成本，减少不必要的盐类； 过程放大以及系统综合化等问题	无

表 6　还原性转化：3-羟基丙酸通过脱氢反应生产 1，3-丙二醇

衍生物	技术障碍	衍生物的应用前景
1，3-丙二醇	从二羧酸直接还原有高的选择性； 在温和条件下还原-中等氢气压力，低温； 对生物基原料的抑制因子的耐受性； 稳定的催化剂和催化寿命	Sorona 纤维（新材料）

表 7　脱水转化：3-羟基丙酸通过脱水催化反应生产丙烯酸

衍生物	技术障碍	衍生物的应用前景
丙烯酸类化合物	没有副反应的选择性脱水（为单位体积内的生物数量提供高价值的需求）； 新非均相催化剂（如固相催化剂）来代替液相催化剂，从而提高已有的催化系统	隐形眼镜 纸尿布（超级吸收性聚合物，SAP）

除了“简历”信息的概述外，每个基础化合物还有一种直观的描述或是“星”状图表。这些图表利用星状来代表基础化合物到衍生物或是次级代谢物的不同的反应途径。衍生物反应途径的数量和性质代表了作为各种用途的起始原料的潜在价值。与基础化合物不同，衍生物可被分为两类：一类是能被用作当前石化工业产品和生化药剂的替代品；另一类是能用于具有新型性能特征的新材料，这种性能能够产生新的应用或者产生新的市场划分。

每个转化途径被评定为四个特征，包括：①现在的工业用途；②一个类似于已知技术的转化；③温和生产过程要求；④重要过程开发需求。

3-羟基丙酸星状图如图 4 所示。第 9 章将展示所有 12 种最具潜力的化学品星状图。衍生物按化学转化的类型分组。

图 4 中圈起的衍生物是现在正在使用的商品和日用品。无框化合物表明现阶段尚缺少该途径的知识。研究小组试图鉴定出大部分能够被用于替代石化产品的衍生物反应途

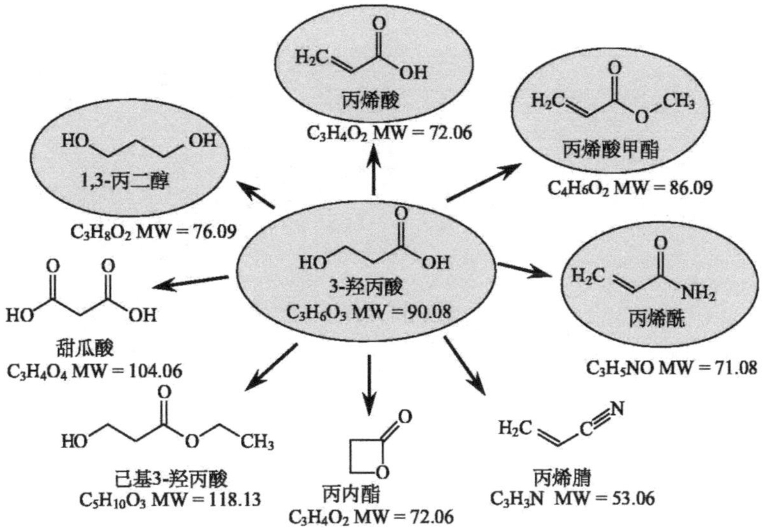

图 4　3-羟基丙酸衍生物的转化路径星状图

径，为每个“星”汇总潜在途径和相关技术屏障的数目作为显示出参考物价值的指标。

作为部分的筛选指标，本文选择标准参考资料（见参考文献）和工业化学经验来鉴别可能的转化路径。我们选择了4个标准来分类可能组成单元候选：①在生物炼油中木质纤维素和淀粉生物质的有效匹配；②作为替代已有化学品或作为新化合物的基础化学品及其衍生物的价值；③反应路径转化的每个部分的技术难度（糖转化为基础化学品和基础化学品转化为衍生物）；④基础化学品生成同族或同组衍生物的潜力。每一个基础化学品候选者的评价都采用统一的标准。统计学分析中，12个候选化学品高于平均值，3个是平均值（乳酸、左旋葡聚糖和赖氨酸），其他低于平均值。第一级高于平均值的基础化学品列于表4。第二级的基础化学品被认为潜力较低，这些化学品包括葡萄糖酸、乳酸、丙二酸、丙酸、三元酸（柠檬酸和乌头酸）、木质酸、3-羟基丁酮、呋喃醛、左旋葡聚糖、赖氨酸、丝氨酸和苏氨酸。

6 基于合成气原料的高附加值化学品的复筛

目前，从生物质生产初级醇、醛、混合醇和费托合成油在经济上不合算，需要进一步的研发。氢气和甲醇是近期内实现生物质原料生产的最可能的目标。根据文献调研的结果和 NREL 在 2003 年 8 月所作的 OBP 热化学平台研发的结果，本报告没有更进一步对合成气衍生物产品进行选择。这个研究的结果表明所获得的合成气产品的洁净程度是关键的技术障碍。NREL 已经有一份包括经济分析、技术挑战以及由合成气转化的液体燃料作为能量的综合性报告①。

---

① P. Spath and D. Dayton Preliminary Screening-Technical and Economic Assessment of Synthesis Gas to Fuels and Chemicals with Emphasis on the Potential for Biomass-derived Syngas, NREL Technical Report NREL/TP-510-34929, December 2003)

7 转化途径与技术挑战

在列出和描述一般性的技术障碍之前，本报告首先确定了最为可行的从糖质原料转化为基础化学品的生物和化学转化路径。许多糖都可以通过真菌、酵母或细菌的有氧发酵转化为基础化学品。化学转化和酶催化转化也是重要选项。但也必须指出，这些有着众多技术挑战和障碍的转化途径目前尚不能认为是可实现的工业技术。已有的糖质原料转化为基础化学品的工业过程见表 8。

表 8　从糖到基础化学品的反应途径

基础化学品	酵母或真菌	细菌	酵母或真菌	细菌	化学催化	生物转化
	好氧发酵		厌氧发酵		化学-酶法转化	
三碳化合物	是否是商业产品（“否”用×表示，“是”用 C 表示）					
3-羟基丙酸	×	×				
甘油	×	×	×	×	C	
乳酸	×		×	C		
丙二酸	×				×	
丙酸				×		
丝氨酸	×	C				C
四碳化合物						
3-羟基丁内酯					×	
3-羟基丁酮	×	×		×		
天冬氨酸	×	×				×
延胡索酸	×	×			×	
苹果酸	×	×				
琥珀酸	×	×		×		×
苏氨酸	×	C				
五碳化合物						
阿拉伯醇	×		×		C	
糠醛					C	
谷氨酸	×	C				
衣康酸	C					
乙酰丙酸					×	
木糖醇	×		×	×		C
六碳化合物						
2，5-呋喃二羧酸					×	
乌头酸	×					

续表

基础化学品	酵母或真菌	细菌	酵母或真菌	细菌	化学催化	生物转化
柠檬酸	C					
葡萄糖二酸	×	×			×	
葡萄糖酸	C	×				×
左旋葡聚糖					×	
赖氨酸	×	C				
山梨醇	×	×			C	×
反应路径的数量	21	14	4	6	11	7
已经产业化的过程	3	4	0	1	4	2

注：前30位的候选化合物都进行了评估，但只列出了那些最终筛选得到的物质，全部途径数没有添加到这个图表中。

研究小组也考察了由最常见的基础化学品到衍生物的转化过程。在此阶段的转化过程中，化学还原、氧化、脱水、键断裂和直接聚合居多，而酶催化则是此阶段的主要的生物转化类型。此外，某些生物转化可能不需要中间体即可实现。1，3-丙二醇即是一个例子，这个化合物是通过一些连续的生物转化过程由糖直接转化为最终产物。

每个途径各有优缺点：生物转化可以准确地得到有特定分子结构的化合物，但转化条件相对温和；化学转化可以实现高产率，但转化选择性差。

很难把化合物生产的技术障碍进行优先次序排列。生物质是高度氧化的物质（含有大量的氧），所以需氧化的转化会相对较少，而需要加氢和脱水的（加氢或移出氧）转化较多。这一点使得生物质转化过程在一定程度上避开了困难的氧化反应，使得糖、油脂、木质素和其他生物质成分的转化变得较为容易实现。

8 展 望

实际上，第一轮的筛选不应看作为一种剔除过程，而应该是一个在某一标准的指导下挑选 12 个基础化学品的过程。可以清楚地发现，从糖出发生产大于六个碳原子的高附加值产品的机会是不多的。例如，生产作为具有巨大市场的聚合物表面活性剂的芳香族化合物就很难。多糖有一个逐渐成长起来的市场，因为它在增加石油采收率和纸及金属的改性等方面有巨大的应用潜力。油脂生产工业已经成熟，在不同的产业用途方面都具有广阔的应用前景。木质素可以生产整个芳香族化合物，这是糖或油脂的转化很难达到的。因此，研究通过油脂和木质素来生产有潜在价值的产品，与用糖和合成气作为原料生产这些产品一样都是很有意义的。

我们知道化学转化需要新的知识和更好的技术，它们可被用于温和的氧化、选择性还原和脱水、更好地控制键的断裂、改善用不同功能的单体直接聚合等过程。对于生物转化，需要对工业菌株进行更好的途径工程改造，更好地了解其代谢途径和细胞生物学特性，降低下游回收成本，增加混合糖原料的利用效率，改善分子的热稳定性，更好地了解酶的功能。前述的基础化学品虽可以用来合成大量不同分子结构的物质，但目前几乎没有公开的资料描述这些分子的性质、材料的性能以及工业过程的特点。因此，建立一个关于生物聚合物性能的全面的数据库非常必要。

在此过程中，我们可能发现更多有潜力的途径，可能解决现在认为比较难以克服的技术障碍，也可能遇到比所列的技术障碍更难解决的问题。这些知识可以帮助我们发现更好的生物基原料，并成为集成生物炼制过程的经济驱动力。

9　12个最具潜力的高附加值化学品综述

9.1　四碳1，4-二羧酸（琥珀酸、延胡索酸、苹果酸）

9.1.1　从糖到四碳1，4-二羧酸的转化途径

表9　从糖到基础化学品的转化途径［四碳1，4-二羧酸（琥珀酸、延胡索酸、苹果酸）］

途径	技术障碍	基础化学品的直接利用
化学转化：无		
生物转化：通过三羧酸循环发酵生产四碳二羧酸	微生物催化剂的改良：减少副产物乙酸；提高收率和产率 降低回收过程脱盐的成本 过程放大和系统集成	

9.1.2　从四碳1，4-二羧酸生成衍生物的初级转化途径

表10　衍生物家族1：还原产物
［四碳1，4-二羧酸（琥珀酸、延胡索酸、苹果酸）衍生物的初级转化途径］

衍生物或衍生物家族	技术障碍	衍生物的潜在用途
THF、BDO、GBL家族	选择性还原：限制性地将酸还原为醇类、内酯和呋喃 温和的过程条件（压力、温度等） 对抑制物的耐受性及催化剂寿命	用作溶剂、纤维物质（如弹力纤维）

表11　衍生物家族2：还原胺化产物
［四碳1，4-二羧酸（琥珀酸、延胡索酸、苹果酸）衍生物的初级转化途径］

衍生物或衍生物家族	技术障碍	衍生物的潜在用途
吡咯烷酮家族	酸盐的选择性还原 温和的过程条件（压力、温度等） 对抑制物的耐受性及催化剂寿命	绿色环保性溶剂 水溶性多聚物（经水处理）

表 12　衍生物家族 3：直接聚合产物

［四碳 1，4-二羟酸（琥珀酸、延胡索酸、苹果酸）衍生物的初级转化途径］

衍生物或衍生物家族	技术难点	衍生物的潜在用途
直链型高分子	聚合过程的产业化	纤维物质（弹力纤维等）
支链型高分子	选择性酯化的支链控制 控制聚合物的分子质量和性能	TBD

基础化学品：四碳 1，4-二羧酸（琥珀酸、延胡索酸、苹果酸）。

初级衍生物：①衍生物家族 1，还原产物；②衍生物家族 2，还原胺化产物；③衍生物家族 3，直接聚合产物。

9.1.3　作为基础化学品考虑

由于四碳二羧酸的合成途径相近而将其归为一类。为了便于总结，可以将琥珀酸作为一个典型的例子，而琥珀酸涉及的概念也同样适用于延胡索酸和苹果酸。有关延胡索酸和苹果酸的星状图在本文中也可以找到。二羧酸作为重要的基础化学品有非常大的潜力，可以直接衍生出大宗化学品和精细化学品。由琥珀酸作为原料生产化学品与石油化工上生产顺丁烯二酸/酸酐的过程类似。琥珀酸通常是由产琥珀酸放线杆菌和 DOE 实验室构建的基因工程大肠杆菌通过葡萄糖发酵而产生的，并且已初步具备商业规模。琥珀酸作为原料生产的化学物质如图 5 所示。

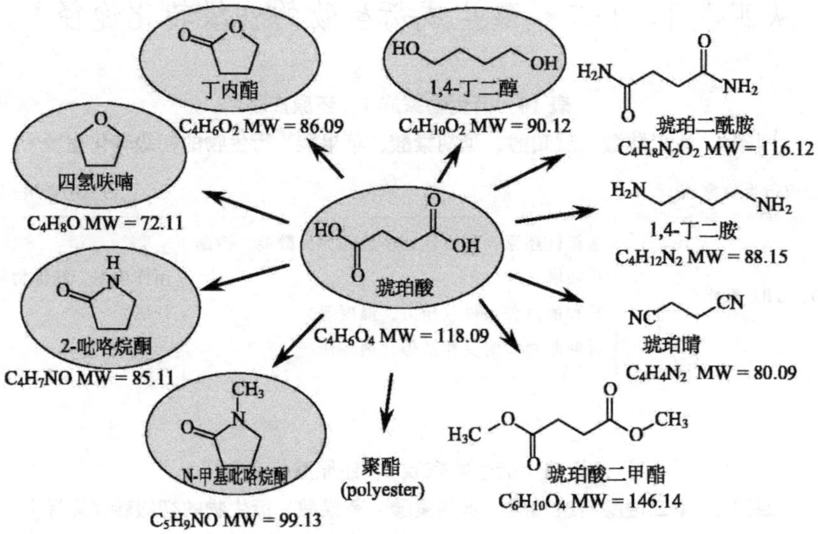

图 5　琥珀酸的衍生物转化路径

利用琥珀酸作为基础化学品的技术关键点在于降低琥珀酸发酵的成本。目前主要有两种微生物利用糖类（五碳糖或六碳糖）来发酵生产琥珀酸，而从现有的资料来看，尽管利用这两类微生物发酵生产琥珀酸的技术已有改善，但与石油化工路线相比，该方法仍需有更强的竞争力。图 6 是葡萄糖发酵生产琥珀酸的简单流程图。

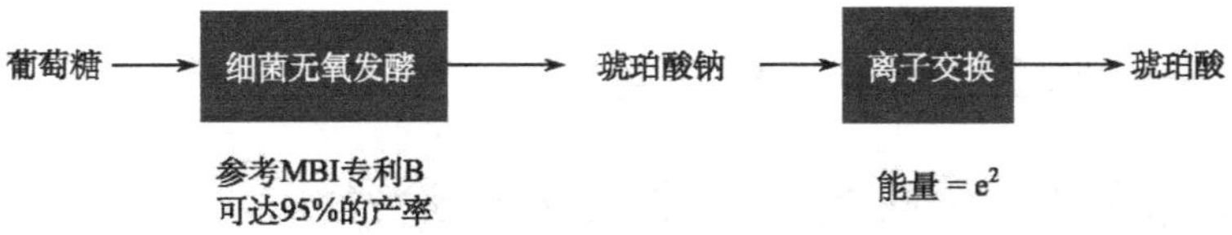

图 6　葡萄糖发酵生产琥珀酸的简单流程图

改善发酵过程主要通过以下几个途径。

(1) 产率：提高产率主要是为了降低发酵过程的原料成本和操作成本。为了具有经济效益上的竞争优势，最少要达到 2.5 g/(L·h) 的生产速率。

(2) 发酵培养基：使用最低营养成分的发酵培养基对降低工业发酵成本非常重要。不能使用如酵母提取物和生物素之类的昂贵营养成分。如果可能，应只限于玉米浆或类似成分。

(3) 终产品浓度：对于整个过程的成本来说，终产品浓度是一个重要的部分。这部分的成本很容易被忽略，但较高的终产品浓度可以降低产物分离和浓缩的成本。

(4) pH 影响：理想的发酵过程应该在低 pH 条件下进行，最好是发酵过程不需要调节 pH。发酵过程控制 pH 的成本可能不高，但把琥珀酸盐转化为酸的成本还是可观的。使丁二醇（BDO）、四氢呋喃（THF）和 γ-丁内酯类（GBL）等衍生物在市场上具有竞争力，必须在低 pH 条件下发酵。

9.1.4　作为衍生物考虑

琥珀酸最基本的用途是将其选择性还原形成我们所熟知的丁二醇（BDO）、四氢呋喃（THF）和 γ-丁内酯类（GBL）化合物。琥珀酸的加氢或还原反应过程类似于顺丁烯二酸酐的还原。不同的是，琥珀酸的还原要考虑到发酵产物的杂质对催化剂的影响，这在发酵成本没有得到实质性的降低之前不是一个优先考虑的方案。

吡咯酮是 γ-丁内酯类的一种衍生物，在作为溶剂方面具有广阔的市场。γ-丁内酯类和不同的胺反应可得到不同的衍生物如吡咯酮和 *N*-甲基吡咯烷酮。琥珀酸也可以通过琥珀酸二铵发酵直接生成吡咯酮。通过发酵琥珀酸的衍生物生产吡咯酮的成本较低，具有较大的优势。从这个方面来说，就缓解了低 pH 发酵琥珀酸的压力。

延胡索酸和苹果酸也具有类似的化学性质，有意思的是，可以将延胡索酸选择性地还原成琥珀酸，以及用苹果酸生产替代四氢呋喃和 *N*-甲基吡咯烷酮的相关衍生物。

9.1.5　展望

用二羧酸生产生物质材料具有广阔的市场前景。其主要的挑战在于降低发酵成本。如果要微生物质材料在市场上比石化产品更有竞争力，那么其发酵成本至少要低于每磅 0.25 美元。这在未来相当长的一段时期内是巨大的技术挑战。整体上讲，利用二羧酸作为原料生产多种大宗化学品具有很大潜力。

9.2 2，5-呋喃二甲酸（FDCA）

9.2.1 从糖到2，5-呋喃二甲酸的转化途径

表13 从糖到基础化学品的转化途径［2，5-呋喃二甲酸，FDCA］

途径	技术障碍	基础化学品的直接应用
化学转化：六碳糖的氧化脱水	还原反应 （1）没有副反应的选择性脱氢； （2）酐类和内酯类物质的脱氢； （3）新的非均相催化剂（固体酸催化剂）代替液体催化剂 氧化反应 （1）醇（ROH）氧化成酸（ROOH）； （2）避免使用氧气、过氧化氢以外的催化剂； （3）对生物质处理过程中产生的抑制性的耐受性； （4）从醛类氧化到酸，从醇类氧化到醛	具有新功能的PET类似物（瓶子、薄膜、容器类）
生物转化：酶法转化	未知	

9.2.2 从2，5-呋喃二甲酸到衍生物的初级转化途径

表14 衍生物家族1：还原产物［2，5-呋喃二甲酸（FDCA）衍生物的初级转化途径］

衍生物或衍生物家族	技术障碍	衍生物的潜在用途
二醇和胺类	烯烃存在条件下的选择性还原 直接将羧酸还原成醇 对多聚衍生物化学性质的研究	瓶子、薄膜、容器类用途的呋喃多聚酯
乙酰丙酸和琥珀酸	选择性催化剂	菊芋糖和琥珀酸的所有用途

表15 衍生物家族2：直接聚合产物［2，5-呋喃二甲酸（FDCA）衍生物的初级转化途径］

衍生物或衍生物家族	技术障碍	衍生物的潜在用途
聚对苯二甲酸乙二酯类	单体的反应性能 反应速率的控制 选择性酯化的支链控制 聚合物分子质量和性能的控制	绿色环保性溶剂 水溶性多聚物（经水处理）
呋喃多聚胺	单体的反应性能 反应速率的控制 选择性酯化控制聚合物的支链 控制聚合物的分子质量和性能	应用于尼龙的多聚胺类市场

基础化学品：2，5-呋喃二甲酸（FDCA）。衍生物家族1：还原产物；衍生物家族2：直接聚合产物。

9.2.3 作为基础化学品考虑

生物炼制过程中将糖类脱水可以生成一类包括脱水糖、呋喃和乙酰丙酸的化合物。

2，5-呋喃二甲酸是呋喃族化合物的一种，它是由葡萄糖经氧化脱水形成的。据报道，该过程需要氧气氧化或经过电化学方法生成，还可以将5-羟甲基糠醛氧化得到2，5-呋喃二甲酸，而5-羟甲基糠醛是从六碳糖转化为乙酰丙酸中的一个中间产物，也在前十种化合物之内。图7描述了2，5-呋喃二甲酸的潜在用途。

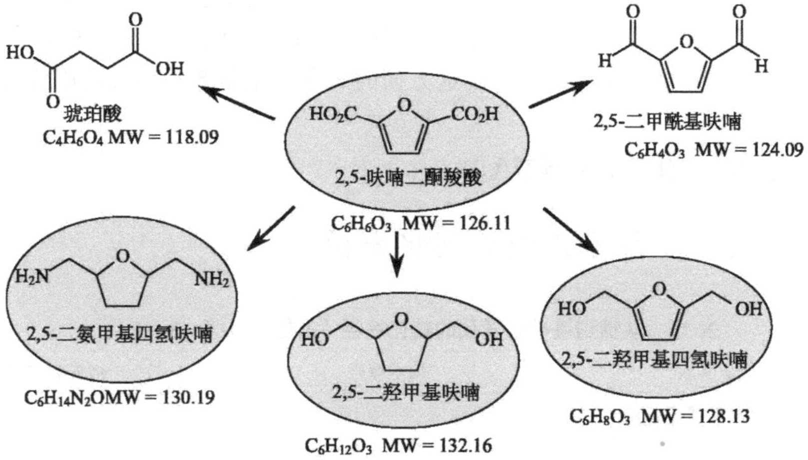

图7　2，5-呋喃二甲酸（FDCA）衍生物的转化路径

9.2.4　作为衍生物考虑

2，5-呋喃二甲酸作为对苯二甲酸的替代品极具潜力。对苯二甲酸广泛应用于各种聚酯类化合物，如聚对苯二甲酸乙二酯（PET）、聚对苯二酸丁二酯（PBT）。PET每年的市场规模有40亿美元，而PBT每年也有10亿美元。PET的市场价值决定于它的用途，而作为薄膜和热塑性聚合物，它每年具有10亿～30亿美元的市场价值。2，5-呋喃二甲酸功能的多样性也体现在它可以通过简单的转化而形成不同的衍生物。将2，5-呋喃二甲酸选择性还原可以得到其脱氢产物2，5-双羟甲基呋喃，也可形成完全脱水产物如2，5-二羟甲基四氢呋喃。这些产物都可以作为醇类生产新的尼龙产品，它们和2，5-呋喃二甲酸结合将会开辟生物质材料应用的新领域。2，5-呋喃二甲酸与二元胺反应或将2，5-呋喃二甲酸转化为2，5-二羟甲基四氢呋喃继而合成新的尼龙，每年可以产生90亿美元的市场价值，其中所生产的产品根据不同的用途价值可以达到8.5亿～22亿美元。2，5-呋喃二甲酸还可以用来生产琥珀酸，其用途在文中已有描述，此处不再赘述。

2，5-呋喃二甲酸应用的主要技术难点在于糖的有效选择性脱水反应。糖的脱水过程是一项很重要的技术，此过程可以生成很多价值低廉的原料单元，但对于该项技术我们并没有深入的了解。目前，脱水反应通常是无选择性的，产物的形成决定于所生成化合物的化学稳定性。所以，有必要建立专门研究脱水反应及相关催化剂的研发部门。2，5-呋喃二甲酸的生产需要形成与脱水过程相对应的、有效并有经济价值的氧化技术。

在利用2，5-呋喃二甲酸（或相关物质）生产新的聚合物方面也存在一些技术难点。良好地控制酯化反应，提高单体的反应性能尤为重要。对于生产厂家来说，更好地了解聚合反应过程中的反应特点，及这些反应特点与聚合物的最终形成之间的联系，将有利于他们将这项技术转化为具有市场价值的产品。

9.2.5 展望

将2，5-呋喃二甲酸用作生成PET或PBT类产品，无论从市场容量还是市场价值来说都非常具有潜力。为了达到这一目标，必须要建立专门研发氧化和脱水技术的部门。从化学工业的一个重要分支回归到这方面的研究上来是非常具有应用价值的。

9.3 3-羟基丙酸（3-HPA）

9.3.1 从糖到3-羟基丙酸的转化途径

表16 从糖到基础化学品的转化途径［3-羟基丙酸（3-HPA）］

衍生物或衍生物家族	技术障碍	衍生物的潜在用途
化学转化：未知，或步骤多，成本高		
生物转化：发酵	工业化技术，发酵途径尚不清楚 改善微生物发酵过程：减少酸类副产物；提高产量及生产效率 降低回收过程的脱盐成本 过程放大和系统集成	无

9.3.2 从3-羟基丙酸到衍生物的初级转化途径

表17 衍生物家族1：还原产物［3-羟基丙酸（3-HPA）衍生物的初级转化途径］

衍生物或衍生物家族	技术障碍	衍生物的潜在用途
1，3-丙二醇	选择性将酸还原为相应醇类 过程操作温和（压力，温度等） 对抑制物的耐受性及催化剂寿命	索罗那纤维

表18 衍生物家族2：脱水产物［3-羟基丙酸（3-HPA）衍生物的初级转化途径］

衍生物或衍生物家族	技术障碍	衍生物的潜在用途
丙烯酸类物质	无副产物的选择性脱水 （生物质高价值的需要） 用新的非均相催化剂（固体酸催化剂）代替液体催化剂	隐形眼镜 吸水性强的纸尿布（SAP）

基础化学品：3-羟基丙酸（3-HPA）。初级衍生物：衍生物家族1：还原产物；衍生物家族2：脱水产物。

3-羟基丙酸（3-HPA）是重要的三碳化工原料单元，它可以用来生产大宗化学品或精细化学品。现有的石油化工过程无法生产 3-羟基丙酸。3-羟基丙酸的衍生物家族如图 8 所示。

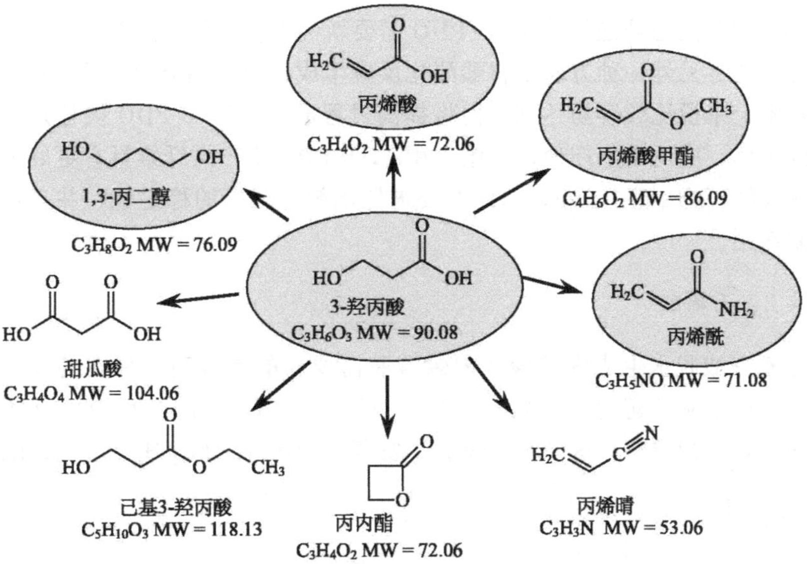

图 8　3-羟基丙酸衍生物的转化路径

将 3-羟基丙酸作为基础化学品进行开发的主要技术难点在于降低发酵成本。从技术上考虑，可以使用有更好的代谢途径的微生物菌种。原则上，从发酵产量上来说它应该达到与乳酸相当的水平。发酵生产 3-羟基丙酸过程的优化可以从以下方面考虑。

9.3.3　作为基础化学品考虑

产率：提高生产效率主要是为了降低发酵过程的原料成本和操作成本。为了具有经济效益上的竞争优势，最少要达到 2.5g/(L·h) 的生产速率。

代谢工程：从代谢工程的角度去构建发酵生产 3-羟基丙酸适当的途径是很有必要的。它的发酵产量应该达到与乳酸同等水平。

发酵培养基：使用最低营养成分的发酵培养基对降低工业发酵成本非常重要。不能使用如酵母提取物和生物素之类的昂贵营养成分。如果可能，应只限于玉米浆或类似成分。

终产品浓度：终产品浓度是过程成本一个重要的部分。这部分的成本很容易被忽略，但较高的终产品浓度可以降低产物整个分离和浓缩的成本。

pH 影响：理想的发酵过程应该在低 pH 条件下进行，最好是发酵过程不需要调节 pH。发酵过程控制 pH 的成本可能不能节省，但把琥珀酸盐转化为酸的成本还是可观的。欲使得 BDO、THF 和 GBL 此类衍生物在市场上具有竞争力，那么从成本上考虑，在低 pH 条件下发酵是必要的。

9.3.4 作为衍生物考虑

衍生物家族 1：1，3-PDO

将 3-羟基丙酸脱氢或还原成 1，3-PDO 需要新的催化系统，这个系统可以将羧酸还原成相应的醇类。另外一种方法是将酸酯化反应生成相应的酯类后再还原这个酯类化合物，这从技术上来说比较容易达到，但将提高过程成本。1，3-PDO 被杜邦公司作为一种有潜力的单体，应用于生产地毯纤维。用 1，3-PDO 生产的纤维具有更好的着色性能和弹性。从发酵产物中直接还原 3-HPA 要求催化剂有很好的稳定性，并且不受发酵副产物的抑制作用。

衍生物家族 2：丙烯酸

将 3-羟基丙酸脱水生成丙烯酸或丙烯酸胺需要新的具有高选择性的催化系统。此外，在脱水过程中应该避免它的聚合反应。对于得到丙烯酸胺的反应可以使用 3-羟基丙酸铵盐的形式作为原料，这同时也避免了发酵过程最好在低 pH 下进行的限制。

9.3.5 展望

3-羟基丙酸作为三碳的基础化学品应用于生物材料生产具有广阔的市场前景，其主要的技术难点在于降低 3-羟基丙酸的发酵过程的成本和再由 3-羟基丙酸作为原料生产其他产品的成本。为了达到比石油化工产品更有竞争性的目的，发酵过程和后续的催化过程都必须有较高的得率。

9.4 天冬氨酸

9.4.1 从糖到天冬氨酸的转化途径

表 19 从糖到基础化学品的转化途径［天冬氨酸］

途径的类型	技术障碍	基础化学品的直接利用
化学转化：延胡索酸与氨的胺基化反应	不对称胺基化反应	盐类可以作为螯合剂
生物转化：通过发酵或酶转化在三羧酸循环中把草酰乙酸转化为天冬氨酸	在生物体内过量生产草酰乙酸的途径工程改造 控制操作环境 草酰乙酸的酶氧化作用 降低回收成本 使用低成本的糖类	

9.4.2 从天冬氨酸到衍生物的初级转化途径

表 20 衍生物家族 1：还原产物［天冬氨酸衍生物的初级转化途径］

衍生物或衍生物家族	技术障碍	衍生物可能的应用
丁二醇胺、四氢呋喃胺、丁内酯胺	类似琥珀酸、苹果酸和延胡索酸的转化： 选择性的还原反应 温和条件作用（常压、低温等） 催化剂对抑制物耐受性和催化剂寿命	四碳 1，4-二羧酸的氨基酸类似物

表 21 衍生物家族 2：脱水产物［天冬氨酸衍生物的初级转化途径］

衍生物或衍生物家族	技术障碍	衍生物可能的应用
天冬氨酸酐	无副反应的选择性脱水反应 新的非均相催化剂（固体酸催化剂）取代液体催化剂系统	新的领域

表 22 衍生物家族 3：直接聚合产物［天冬氨酸衍生物的初级转化途径］

衍生物或衍生物家族	技术障碍	衍生物可能的应用
聚天冬氨酸	选择性酯化作用以控制分枝发生 控制分子质量和性质	新的领域

基础化学品：天冬氨酸。

初级衍生物：衍生物家族 1，选择性还原；衍生物家族 2，脱水成酐；衍生物家族 3，直接聚合产物。

天冬氨酸是一个四碳氨基酸，它在许多生物梯包括人类的新陈代谢合成蛋白质过程中是一个必不可少的部分。天冬氨酸有几种不同的构型，L-天冬氨酸是目前为止最普遍的构型，它主要用于生产作为甜味剂的天冬氨酰苯丙氨酸甲酯。图 9 为天冬氨酸及其主要的化学衍生物家族。

天冬氨酸的生产主要有四条途径：①化学合成；②从蛋白质中提取；③发酵；④酶催化。首选的方法通常是酶催化途径，由裂解酶催化氨和延胡索酸反应。这种方法的优点包括有高的产物浓度、高产率、较少的副产物和容易分离（结晶）。

发展以天冬氨酸作为基础化学品的主要技术障碍是开发与现有酶催化过程相竞争的直接发酵方法（利用糖类培养基）。目前直接发酵法在成本上还不具有竞争能力，但是生物技术的发展有希望克服这一障碍。减少天冬氨酸成本的第二种策略是改进现有的技术。这种努力主要集中在如何减少生产天冬氨酸的原料——延胡索酸的成本。

9.4.3 作为基础化学品考虑

高发酵产率和产品回收是天冬氨酸生产技术提高的两个主要技术方向。使用糖碳源直接发酵可能比以延胡索酸和氨为原料便宜。Bayer AG 公司使用更便宜的顺丁烯二酸酐可能更具竞争性。近期内降低延胡索酸的生产成本对天冬氨酸成本会有一定的影响，这一做法使用现有的投资和设施即可做到。

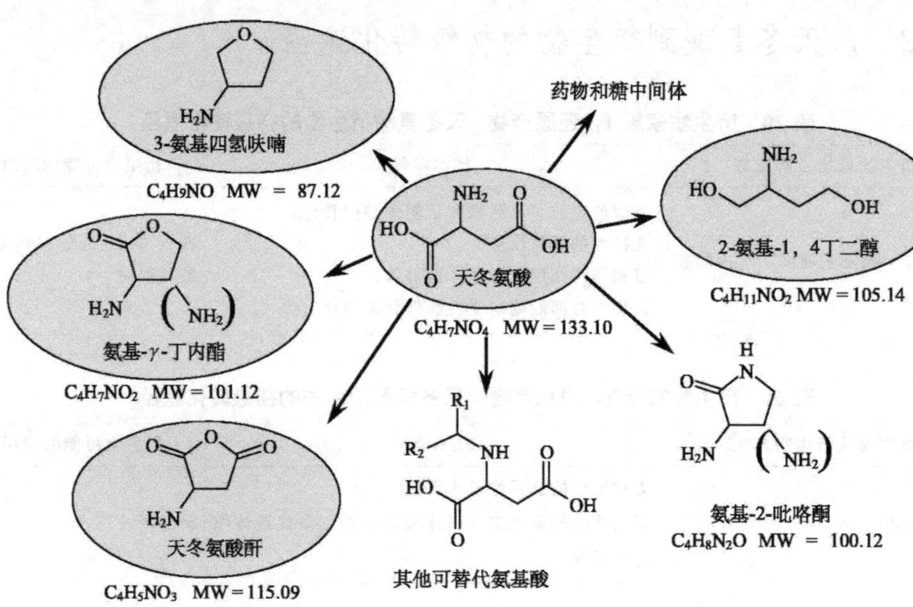

图 9 天冬氨酸衍生物的转化路径

(1) 产率：产率的提高可以减少资金和发酵成本。现有的通过延胡索酸的酶途径可以满足天冬氨酸作为精细化学品的需求，若作为大宗化学品的生产技术，产率仍需进一步提高。

(2) 分离/回收成本：降低从发酵培养基中分离天冬氨酸的成本非常重要。氨和延胡索酸经酶催化的生产路线使得产物浓度很高并容易利用结晶分离产物，结晶过程成本较高。使用发酵技术从发酵培养基分离天冬氨酸可能具有一定竞争力。

(3) 终产品浓度：终产品浓度是过程成本的一个重要因素。这部分的成本很容易被忽略，但较高的终产品浓度可以降低产物整个分离和浓缩的成本。

(4) 发酵培养基：如果使用低成本的发酵液营养成分，天冬氨酸生产的经济成本能够显著降低。

9.4.4 作为衍生物考虑

第一类衍生物：氨基酸类似的四碳二元羧酸

选择性还原天冬氨酸的羧酸能生产目前大量使用的化学物的类似物，如 1，4-丁二醇、四氢呋喃和 γ-丁内酯。这些类似物有聚合物和溶剂应用的巨大潜在市场。这种特殊的开发动力驱使开发在胺基存在下选择性还原羧酸的能力提高。高选择性并在温和条件下能够做到这一点的能力，可以使衍生物具有与四碳类似物竞争的能力。

第二类衍生物：酸酐

酸催化剂存在下选择性脱水形成酸酐。一般情况下是放热过程。开发新型的无副反应的选择性脱水催化剂是降低酸酐成本的关键。

第三类衍生物：直接聚合生成新聚合物

合成聚天冬氨酸和聚天冬氨酸盐（PAA）类型的可生物降解专用聚合物可以取代聚丙烯酸和聚羧酸。这种合成应该不困难，但是尚未开发。这一聚合类似于已经产业化的聚谷氨酸。

9.4.5 展望

利用基因工程手段和传统菌种改良技术对天冬氨酸或延胡索酸发酵过程进行改进以降低过程成本。

从 2003 年到 2006 年世界 L-天冬氨酸的市场年增长率预期为 2%～3%。它作为替代聚丙烯酸和聚羧酸的新的可生物降解特种聚合物（聚天冬氨酸和聚天冬氨酸酯），将有着新的潜在市场，其应用可能包括洗涤剂、水处理系统、腐蚀抑制剂、超强吸水聚合物。

9.5 葡萄糖二酸

9.5.1 从糖到葡萄糖二酸的转化途径

表 23 从糖到基础化学品的转化途径［葡萄糖二酸］

途径类型	技术障碍	基础化学品的直接应用
化学转化：淀粉一步硝酸氧化法或使用漂白剂（碱性）催化氧化	选择性氧化醇类（ROH）成酸（RCOOH） 避免外来氧化剂取代空气、氧气、稀释的过氧化氢 低浓度的氧化剂 开发非均相催化剂系统 提高对生物质中抑制剂的耐受性	
生物转化：未知		

9.5.2 从葡萄糖二酸到衍生物的初级转化途径

表 24 第一类衍生物：脱水产物［葡萄糖二酸衍生物的初级转化途径］

衍生物或衍生物家族	技术障碍	衍生物可能的应用
内酯	无副反应的选择性脱水 脱水成酐或内酯 新型非均相催化剂（固体酸催化剂）取代液体催化剂或改进已有催化剂系统	溶剂

表 25 胺化和直接聚合产物［葡萄糖二酸衍生物的初级转化途径］

衍生物或衍生物家族	技术障碍	衍生物可能的应用
聚葡萄糖二酸酯和胺基化合物	控制反应速率 选择性酯化作用以控制分歧反应 分子质量与物性控制	尼龙或不同特性（如凯夫拉尔与地毯纤维）

基础化学品：葡萄糖二酸。第一类衍生物：脱水产物；第二类衍生物：直接聚合产物。

9.5.3 作为基础化学品考虑

葡萄糖二酸是氧化性糖类（oxidized sugar）家族的一员，市场前景良好。例如，化学或生物化学方法氧化葡萄糖生成的葡萄糖酸产率很高，市场也很好（世界范围内年用量为 4.6 万 t；F. Dubois，A. DeBoo，A. Kishi，Chemical Economics Handbook，"Chelating Agents"，515.5000，March 2000）。生产葡萄糖二酸作为基础化学品则很困难。然而，从葡萄糖生产葡萄糖二酸的生物炼制过程有两个特点：①以葡萄糖二酸为起始原料可以生产一系列具有很大市场容量的其他产品；②所开发的葡萄糖二酸氧化过程也可以有效地应用于糖类的氧化，如木糖和阿拉伯糖的氧化过程。葡萄糖二酸能够由硝酸氧化葡萄糖生产。

9.5.4 作为衍生物考虑

二酸糖的生产可以形成一个新的碳水化合物来源的基础化学品类型（图 10）。生产新的尼龙（聚多羟基酰胺）是一个重要的市场机遇。以目前廉价的葡萄糖和可利用的二胺，生产的聚多羟基酰胺，其市场容量超过 90 亿 lb/a，而价格根据生产过程的不同，约为 0.85 美元/lb 和 2.2 美元/lb。葡萄糖二酸（及其酯）也是一种潜在的生产新型超支化聚酯的起始原料，这种新型聚酯的市场规模和价值与目前的尼龙相当。最后，葡萄糖二酸还可以有着非常大的表面活性剂市场潜力，因为它有很好的离子螯合性能。葡萄糖二酸经过简单的化学转化能够生成作为更多聚合材料起始原料的α-酮葡萄糖二酸（α-ketoglucarates）。葡萄糖二酸的生产原料并不限于葡萄糖，木糖、阿拉伯糖、甘油等都可能通过新的技术研发生产葡萄糖二酸。对葡萄糖二酸的投资研发可以发现更多的新产品。

技术障碍主要包括开发高效和选择性氧化葡萄糖技术，无需使用硝酸作为氧化剂。最近的工作表明，使用廉价氧化剂的新的催化过程可能为由葡萄糖高产率生产葡萄糖二酸的过程铺平道路。进一步的技术障碍包括开发选择性糖脱水方法，把葡萄糖转化为糖内酯，特别是一种作为异山梨醇类似物的葡萄糖二酸二酯。

9.5.5 展望

把一种廉价的糖选择性氧化生成一种单一化合物，与石油化工过程中把一种复杂的起始原料转化为单一和简单的基础化学品是十分相似的。开发葡萄糖二酸及其衍生物能

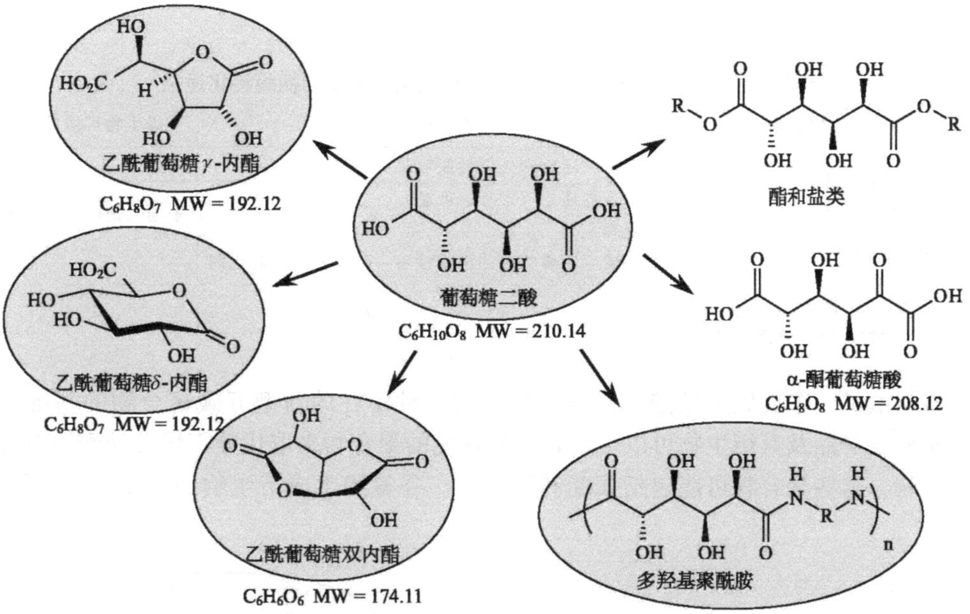

图 10　葡萄糖二酸衍生物的转化路径

够拓展糖平台技术的应用，并创造大容量和高价值的市场。生产葡萄糖二酸的特定技术亦可适用于木糖二酸和阿拉伯糖二酸的生产。对这两种化合物在本报告中也有很高的评价。

9.6 谷氨酸

9.6.1 由糖生成谷氨酸的转化途径

表 26　由糖形成基础化学品的转化途径［谷氨酸］

途径类型	技术障碍	基本化学品的直接应用
化学转化：无		
生物转化：发酵产物	改进的微生物催化剂以减少其他酸副产物，并增加收率和产率 更好发酵条件的控制 降低脱盐过程的回收成本 过程放大和系统集成	

9.6.2 从谷氨酸生成衍生物的主要途径

表 27 第一类衍生物：还原产物［谷氨酸衍生物的初级转化途径］

衍生物或衍生物家族	技术障碍	衍生物可能的应用
二醇（1，5-丙二醇） 二酸（1，5-丙二酸） 氨基二醇（5-氨基-1-丁醇）	选择性脱氨、还原和还原性脱氨基 温和条件下的还原（常压、低温） 酸盐的处理 对抑制物或生物质组分的耐受性——耐受性强的催化剂	聚酯和聚酰胺的单体

基础化学品：谷氨酸

主要衍生物：第一类衍生物，加氢反应/还原反应。

谷氨酸是一个五碳氨基酸，并有可能成为一种潜在的新型五碳聚合物的基础化学品。基础化学品及其衍生物可以生成具有新功能的聚合物来取代顺丁烯二酸酐原料的石化聚合物。这些聚合物可能包括聚酯和聚酰胺。谷氨酸生成衍生物的主要途径如图 11 所示。

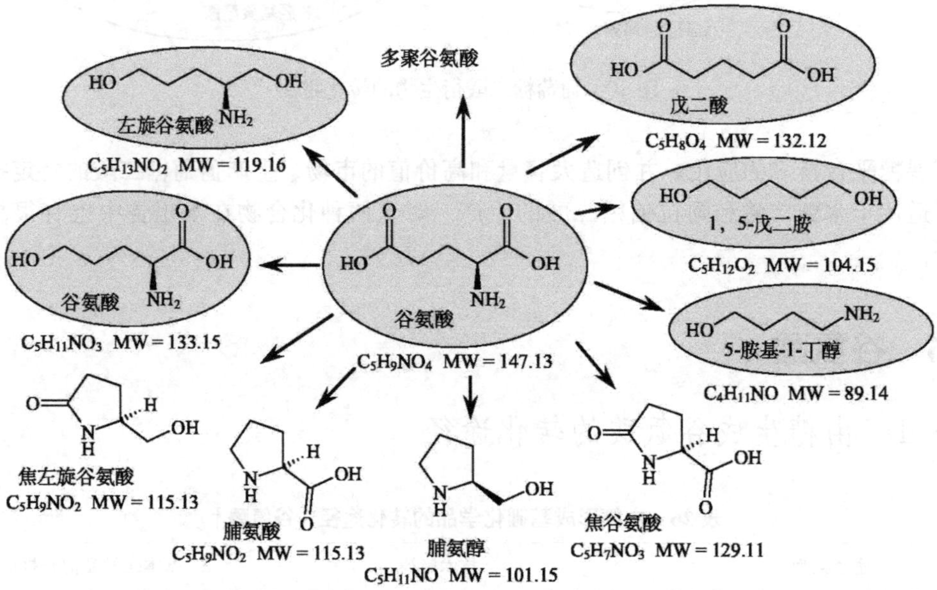

图 11 谷氨酸衍生物的转化路径

谷氨酸作为基础化学品开发的技术障碍包括开发低成本的发酵技术。目前已有几种基于谷氨酸钠盐（味精）的发酵技术，而现在面临的是开发一个能够低成本生产谷氨酸游离酸的发酵技术。这需要在过程移去中和工段、大幅度降低纯化和将钠盐转化为游离酸的成本。技术改进还包括改善发酵菌种的产率和最终的酸化过程。

衍生物生产需要在其他反应进行的同时进行选择性脱氢（还原反应）的能力，特别是在胺存在下将酸部分转化为醇的反应存在时。这需要开发新的具有高选择性、快速反应速率和温和操作条件下的非均相催化系统。

9.6.3 作为基础化学品考虑

(1) 产率：提高产率以减少固定资金投入和发酵成本。为了具备作为大宗化学品的经济竞争力，产率至少应达到 2.5g/(L·h) 的水平。

(2) 发酵培养基：使用最低营养成分的发酵培养基对降低工业发酵成本非常重要。不能使用如酵母提取物和生物素之类的昂贵营养成分。如果可能，应只限于玉米浆或类似成分。

(3) 终产品浓度：最终的产品浓度对整个过程的成本影响很大。较高的产品浓度能够降低分离和浓缩的成本。

(4) pH：最好能在低 pH 下进行发酵而不需要中和。中和成本可能不高，但将盐转化为游离酸会大幅增加成本。

9.6.4 作为衍生物考虑

第一类衍生物：左旋谷氨酸、5-氨基-1-丁醇、1，5-戊二醇、norvoline

通过加氢或还原反应将谷氨酸转化为 1，4-丁二醇、四氢呋喃和分散蓝等化合物的类似物的过程需要进行深入开发。目前对选择性还原反应了解不够充分，特别是在水介质中的反应。这方面的技术挑战是开发新的催化剂系统以获得高的产率、限制副反应(胺生成)。另一个挑战是开发发酵过程中不受杂质影响的催化剂，这自谷氨酸工业发酵产业化以来一直是一个重大的挑战，在开发早期应予以考虑。

9.6.5 展望

五碳的谷氨酸作为基础化学品的开发有着巨大的市场机遇，其面临的挑战主要是减少发酵成本。为了保持对石化产品的竞争力，发酵成本必须达到或低于 0.25 美元/lb。这是一个重大的挑战，但是有可能在较为短期的时间内成功，因为谷氨酸生产菌种的研究已有相当多的经验。

9.7 衣康酸

9.7.1 糖生成基础化学品的转化途径

表 28 糖生成基础化学品的转化途径［衣康酸］

途径类型	技术障碍	基础化学品的直接应用
化学转化：多步合成（并不是一个很好的选择）	合成过程成本高 很难减少合成步骤	与苯乙烯-丁二烯形成共聚物
生物转化：耗氧真菌发酵	改进微生物催化剂：减少酸等副产物的产生；提高收率和产率 发酵条件控制 降低产品回收过程成本 过程放大和系统集成	与苯乙烯、丁二烯的聚合物生成共聚物（提供纤维的染料感受性），可用于腈乳胶的制备

9.7.2 从衣康酸到衍生物的初级转化途径

表 29 第一类衍生物：还原产物［衣康酸衍生物的初级转化途径］

衍生物或衍生物系列	技术障碍	衍生物的潜在应用
甲基丁二醇、丁内酯、四氢呋喃系列	对于特定官能团的还原选择性不高 在常压和低温的温和条件下反应 催化体系对抑制物和生物质组分的耐受性差	与 BDO、GBL 和 THF 族的聚合物合成新型物质
吡咯酮	同上，以及氨化反应	溶剂及聚合物前体

表 30 第二类衍生物：直接形成聚合物［衣康酸衍生物的初级转化途径］

衍生物或衍生物系列	技术障碍	衍生物的潜在应用
聚衣康酸	反应速率不易控制 支链酯化反应难控制 分子质量及物性难以控制	有可能合成新的聚合物

基础化学品：衣康酸。

主要衍生物：第一类衍生物：还原产物；第二类衍生物：直接聚合化产物。

9.7.3 作为基础化学品考虑

衣康酸是一种五元二羧酸化合物，像甲基琥珀酸一样可以合成很多大宗化学平和精细化学品。由衣康酸形成的基本化学品与由马来酸/酐形成的石化产品相似。图 12 表示由衣康酸形成的主要化学物种类。

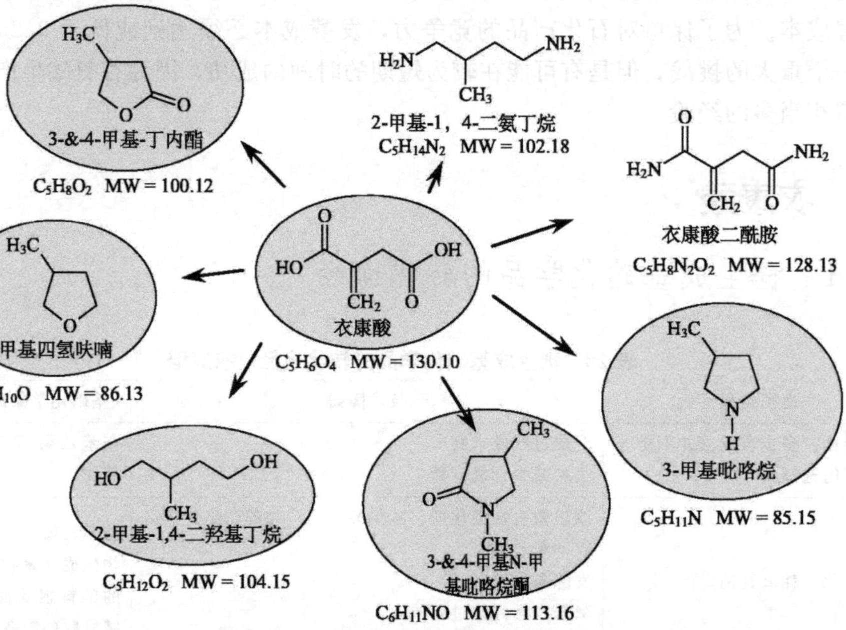

图 12 衣康酸衍生物的转化路径

目前衣康酸主要通过真菌发酵产生，用于特殊聚合物合成单体，生产与丙烯酸或苯乙烯-丁二烯的共聚物。衣康酸作为大宗化学品的主要技术障碍是发酵过程成本。发酵成本的降低可以通过提高发酵速率、最终产品浓度和产品收率。菌体利用五碳糖和六碳糖共发酵也是一个重要的课题。

（1）产率：产率的提高可以降低发酵过程成本。至少达到 2.5g/(L·h) 的产率发酵过程才具备经济价值。

（2）发酵培养基：使用最低营养成分的发酵培养基对降低工业发酵成本非常重要。不能使用如酵母提取物和生物素之类的昂贵营养成分。如果可能，应只限于玉米浆或类似成分。

（3）终产品浓度：最终的产品浓度对整个过程的成本影响很大。较高的产品浓度能够降低分离和浓缩的成本。

（4）pH：最好能在低 pH 下进行发酵而不需要中和。中和成本可能不高，但将盐转化为游离酸会大幅增加成本。单从成本的角度上看，较低的 pH 条件对于像 2-甲基-1、4-BDO、3-甲基-THF、3-&-4-GBL、2-甲基-1，4-丁二胺这样的物质在发酵上更有利。

9.7.4 作为衍生物考虑

第一类衍生物：2-甲基-1，4-BDO、3-甲基-THF、3-&4-GBL、2-甲基-1，4-丁二胺

通过加氢或还原作用将衣康酸转化为 2-甲基-1，4-BDO、3-甲基-THF、3-&4-GBL，2-甲基-1，4-丁二胺的机制尚不十分清楚，但应该与马来酸加氢转化为 BDO、THF 和 GBL 的过程相似。现在正在进行催化体系的研发，这种催化体系不受发酵过程中杂质的影响。

第一类衍生物：吡咯酮

将衣康酸转化为吡咯酮的过程和从 GBL 到吡咯酮的过程是相同的。发酵法得到的琥珀酸的加入有利于磷酸氢二胺衣康酸盐转化为吡咯酮，从而降低发酵成本。这也使在衣康酸的发酵过程中不用再调节 pH，而是直接得到衣康酸。

第二类衍生物：直接聚合反应

衣康酸的直接聚合反应还需要进一步研究。衣康酸聚合物是否可以替代已有聚合物还有待研究。衣康酸的独特性质使它成为取代聚烯烃的聚合物原料。

9.7.5 展望

五碳的衣康酸作为基础化学品有着广阔的市场。现在的主要问题就是降低发酵成本。为了能比石化产品更有市场竞争力，发酵成本必须控制在 0.25 美元/lb。这在技术上是一项很大的挑战，也是一个长远的研发目标。

9.8 乙酰丙酸

9.8.1 糖生成基础化学品的转化途径

表 31 糖生成基础化学品的转化途径［乙酰丙酸］

途径类型	技术障碍	基础化学品的直接用途
化学转化：一步反应，酸催化脱水以及纤维素和糖的分解	无副反应的脱氢反应 新的非均相催化剂（固体酸催化剂）取代现有的液体催化剂	
生物转化：无		

9.8.2 衍生物的初级转化途径

表 32 第一类衍生物：还原产物［乙酰丙酸衍生物的初级转化途径］

衍生物或衍生物家族	技术障碍	衍生物的潜在应用
甲基-四氢呋喃、γ-丁内酯（一些技术已经申请专利）	选择性还原生成醇、内酯和呋喃二元酸 常温常压下的温和条件 催化体系对抑制物和生物质组分的耐受性差	助燃剂、溶剂

表 33 第二类衍生物：氧化产物［乙酰丙酸衍生物的初级转化途径］

衍生物或衍生物家族	技术障碍	衍生物的潜在应用
乙酰丙烯酸酯 乙酸丙烯基琥珀酸	从醇到酸的选择性氧化 避免外来的氧化剂对空气、氧气和稀释的过氧化物类氧化剂的影响 降低氧化剂的浓度（安全因素） 催化体系对生物质组分中的抑制物耐受性差 醛转化为酸和醇转化为醛的选择性转化 酶氧化需要辅因子	与其他单体生成共聚物提高物质性能

表 34 第三类衍生物：缩化产物［乙酰丙酸衍生物的初级转化途径］

衍生物或衍生物族	技术障碍	衍生物的潜在应用
双酚酸	反应速率控制 分子质量及性质控制 聚合过程控制	取代聚碳酸酯合成中用到的双酚 A

基础化学品：乙酰丙酸（LA）。

第一类衍生物：还原产物；第二类衍生物：氧化产物；第三类衍生物：缩化产物。

9.8.3 作为基础化学品考虑

乙酰丙酸是酸水解淀粉或木质纤维素得到的六碳化合物。半纤维素（木糖、树胶醛糖）水解后得到的五碳糖（木糖和阿糖）在增加一步还原反应后也可以转化为乙酰丙酸。所以说乙酰丙酸几乎可以通由所有生物提取物的糖转化而获得，是可以从碳水化合物转化而成的众多已知的基本物质之一（许多大化学公司非常重视）。乙酰丙酸已经成为很多化合物合成的起始原料。图 13 是乙酰丙酸的一些可能存在的衍生物。

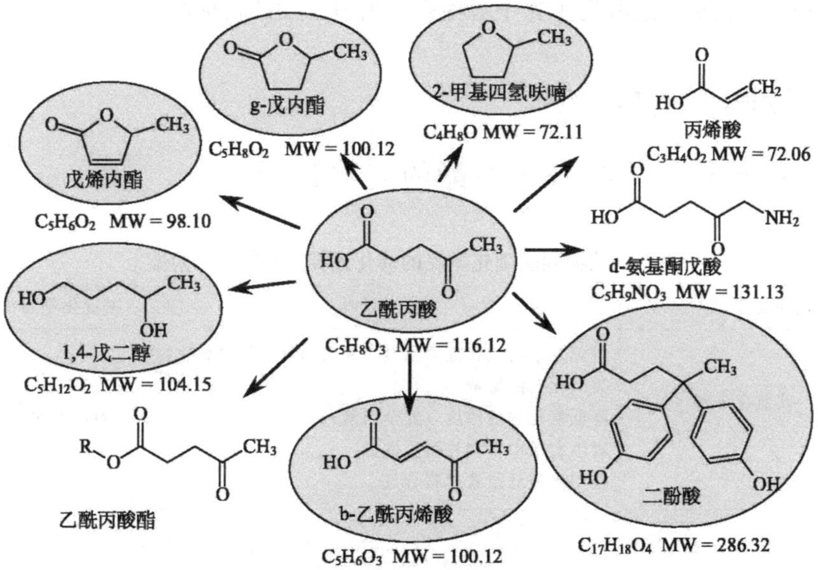

图 13　乙酰丙酸衍生物的转化路径

9.8.4 作为衍生物考虑

由乙酰丙酸合成的化合物种类很多，并在化工市场上占有重要的位置。乙酰丙酸转化得到的甲基四氢呋喃和各种乙酰丙酯作为汽油和生物柴油添加剂占有很大的燃料市场。D-氨基乙酰丙酸是一种除草剂，每年的市场需求量为 2～3 亿 lb，而每磅的售价为 2～3 美元。一氨基乙酰丙酸在生产过程中会产生一种中间体——乙酰丙烯酸，这种物质可以用于新型丙烯酸聚合物的合成，价格为每磅 1.3 美元，年生产量达到 23 亿 lb。双酚酸尤其引人注目，它取代了聚碳酸酯合成中的双酚 A。聚碳酸酯每年产量大约为 40 亿 lb，每磅约 2.40 美元。乙酰丙酸经过氧化作用还可以生成丙烯酸。同时，乙酰丙酸也是潜在一种琥珀酸合成的起始原料。乙酰丙酸衍生物内酯的生产为扩大溶剂市场提供了广阔前景，因为这些物质可以转化为 *N*-甲基四氢呋喃的类似物。将乙酰丙酸完全还原得到 1，4-戊二醇，可以用于新型聚合酯的生产。

乙酰丙酸的主要技术障碍在于乙酰丙酸本身过程的优化。很多研究表明转化收率在 70%左右。目前正在通过研发新的选择性脱氢催化剂来提高产率。实现将乙酰丙酸转化为各种衍生物将会带来更大的市场效益。现在最受关注的是乙酰丙酸氧化为琥珀酸和丙烯酸，氧化剂则用像氧气或过氧化物这类简单的氧化物。乙酰丙酸经过选择性还原生成的内酯和甲基四氢呋喃可能在广阔的燃料市场上得到应用。双酚酸取代双酚 A 的研发以及合成的聚合物性质研究为新技术和新产品的开发提供了大量资料。

9.8.5 展望

乙酰丙酸能够合成大量具有良好工业应用前景的衍生物，其中一些化合物是前十位最具潜力的化学品。原料价格低廉，从五碳和六碳糖都能够生产。进一步的研发是十分必要的，特别是在决定这些衍生物中哪些是最值得开发的目标时。

9.9 3-羟基丁内酯

9.9.1 从糖生成3-羟基丁内酯的转化途径

表 35 从糖到基础化学品的转化途径［3-羟基丁内酯］

途径类型	技术障碍	基础化学品的直接应用
化学转化：一步氧化分解（过氧化氢）	避免外来的氧化剂对空气、氧气和稀释的过氧化物类氧化剂的影响 降低氧化剂的浓度（安全因素）； 对生物质中抑制物耐受性低 使用木质纤维素原料合成	高附加值的药物中间体
生物转化：无		

9.9.2 从3-羟基丁内酯到衍生物的主要转化途径

表 36 第一类衍生物：还原产物［3-羟基丁内酯衍生物的初级转化途径］

衍生物或衍生物家族	技术障碍	衍生物的潜在应用
呋喃 吡咯酮类似物	特定官能团的还原，如 C ═C 存在时的羟基还原 常温常压下的温和反应条件 羟基存在时的醛基选择性还原 盐含量控制 催化体系对生物质中抑制物的耐受性	溶剂

表 37 第二类衍生物：直接聚合产物［3-羟基丁内酯衍生物的初级转化途径］

衍生物或衍生物家族	技术障碍	衍生物的潜在应用
四氢呋喃的氨基类似物	反应速率控制 选择性酯化中的分枝控制 分子质量及性质控制	合成弹力纤维胺基类似物

基础化学品：3-羟基丁内酯。第一类衍生物：还原产物；第二类衍生物：直接聚合产物。

9.9.3 作为基础化学品考虑

3-羟基丁内酯（3-HBL）是一种通过化学转化法合成的环状四碳化合物，不太可能通过发酵法合成。合成路径需要多步反应，看起来杂乱无章并且比较困难。一种可能的途径是以苹果酸（2-羟基丁二酸）作为起始原料，通过环化形成羟基琥珀酸酯，还原后生成羟基丁内酯。目前苹果酸是由延胡索酸或马来酸合成的，而这两种酸都是经碳氢化合物（尤其是丁烷）气相氧化产生的马来酸酐衍生得到的。将延胡索酸转化为苹果酸是通过发酵法。因此，如果生物转化可以使糖转化为苹果酸成为可能，将是一个高效的转化途径。糖直接转化为3-羟基丁内酯也是有可能的，其主要的技术障碍是3-羟基丁内酯的生产，也包括低成本发酵生产苹果酸路线的研发。

9.9.4 作为衍生物考虑

3-羟基丁内酯的开环反应可以产生琥珀酸的羟基类似物。其他衍生物包括γ-丁烯内酯（脱羟基）和丙烯酸内酯（酯化作用）。图14列出了3-羟基丁内酯的主要衍生物路径。

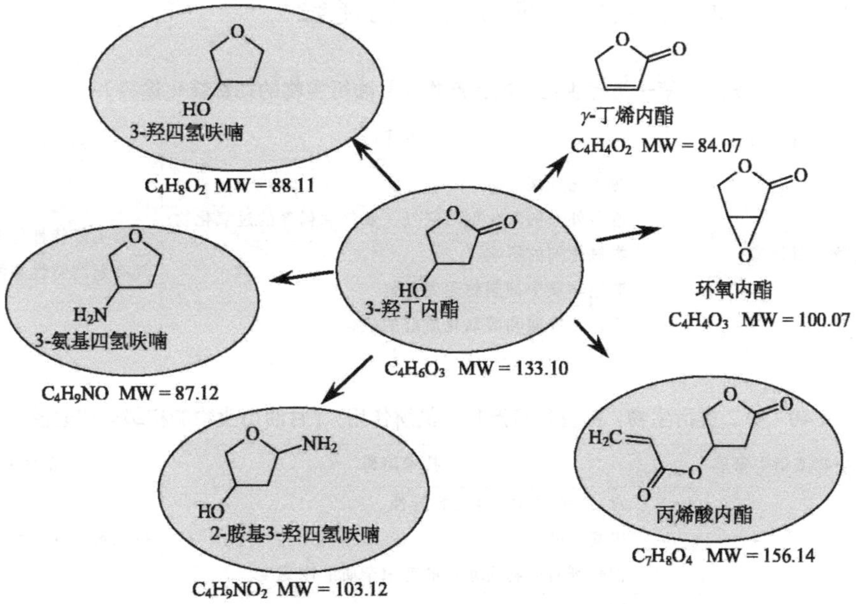

图14 3-羟基丁内酯衍生物的转化路径

3-羟基丁内酯的脱水作用可以产生γ-丁烯基-内酯，酯化作用可以产生丙烯酸内酯。这些衍生物的潜在应用可能包括新的聚合物。3-羟基丁内酯目前已被应用于医药产物。

9.9.5 展望

3-羟基丁内酯的研究和市场机遇来源于其生成新的衍生化合物的潜力。由于其是作为一种高应用价值的特殊化学品被生产的，所以人们很少关注将其作为一种化学中介物商品的生产以及随之产生的主题。这将是一种有挑战性的产业，其中有一些激动人心的机遇，这需要对确定达到低成本生产所需的尺度进行工程学分析。

9.10 甘油

9.10.1 从糖到甘油的转化途径

表 38 从糖到基础化学品的转化途径［甘油］

途径类型	技术障碍	基础化学品的直接用途
化学转化：油脂的酯交换反应	很少	个人/口腔护理用品、药物/药物制剂、食品/饮料和聚醚型多元醇（用于聚氨酯）
生物转化：酶促酯交换反应	在甲醇/水溶液中具有酶活的耐受性强的酶催化剂，使其在经济上可与化学转化相比	同上

9.10.2 从甘油到衍生物的初级转化途径

表 39 第一类衍生物：氧化产物［甘油衍生物的初级转化途径］

衍生物或衍生族	技术障碍	衍生物的潜在应用
PLA 类似物、甘油醛	醇氧化成酸 避免外来的氧化剂对空气、氧气和稀释的过氧化物类氧化剂的影响 对生物质中抑制物耐受性低 醛氧化成酸和醇氧化成醛的氧化	具有更好特性的 PLA 具有新的特性聚酯纤维

表 40 第二类衍生物：断键反应产物（氢解作用）［甘油衍生物的初级转化途径］

衍生物或衍生家族	技术障碍	衍生物的潜在应用
丙二醇	对 C—C 和 C—O 的特异性 提高速率 催化剂对生物质来源的糖中杂质的耐受度	抗冻剂、保湿剂等
1，3-丙二醇	同上	Sorona 纤维

第二类衍生物：直接聚合产物

表 41 直接聚合产物［甘油衍生物的初级转化途径］

衍生物或衍生家族	技术障碍	衍生物的潜在应用
支链聚酯和多元醇	控制速率 选择性的酯化作用控制支链生成 控制分子引力和特性	绝缘材料中的树脂 不饱和的聚亚胺酯

基础化学品：甘油。第一类衍生物：氧化产物；第二类衍生物：断键反应产物（氢解作用）；第三类衍生物：直接聚合产物。

9.10.3 作为基础化学品考虑

甘油作为一种极其通用的基本原料，在生物炼制上具有很大的潜力。目前，甘油的年产量为 500×10^3～750×10^3 t。1945 年 Leffingwell 曾描述了甘油的 1500 多种用途。美国是世界上最大的精制甘油生产国和消费国。甘油和各种甘油的衍生产品（如三羧酸甘油酯、硬脂酸甘油酯、油酸甘油酯）主要由 Uniquema、Procter-Gamble 和 Stepan 等公司采用化学法生产。甘油的生产有两种方式：①作为油脂产业和生物柴油产业副产品的天然甘油；②丙烯水合得到的合成甘油。美国利用的甘油有接近 75%来源于天然甘油，其他 25%来自于合成甘油。几乎所有的粗甘油在最终利用前都要经过精炼。

尽管甘油的许多用途已被开发，但由于甘油的价格较高（0.60～0.90 美元/lb），使许多产品目前的规模较小和零散。生物柴油产业对甘油的开发和应用具有很大的影响。因为甘油是生物柴油生产过程中的主要副产品，提高生物柴油的使用将会导致大量可利用甘油的生产并导致甘油价格的下降。粗甘油的最低价格可能降低到 0.5 美元/lb，这是因为在蒸汽制氢、动物饲料及其他相关产业将会产生大量甘油。目前用于精炼甘油工业的甘油价格可能会降到 0.2 美元/lb，虽然粗甘油、丙三醇的价格可能还会较低。如果甘油的价格降到 0.2～0.5 美元/lb，其将成为生物炼制的主要原料。用于燃料及相关产品的脂肪酸消耗少量增加，都会明显提高甘油的总产量。如果美国在 2012 年把汽车柴油消耗的 2%取代以生物柴油，将会促使 800 万 lb 的甘油生产。图 15 描述了以甘油为基本成分来源的衍生物。

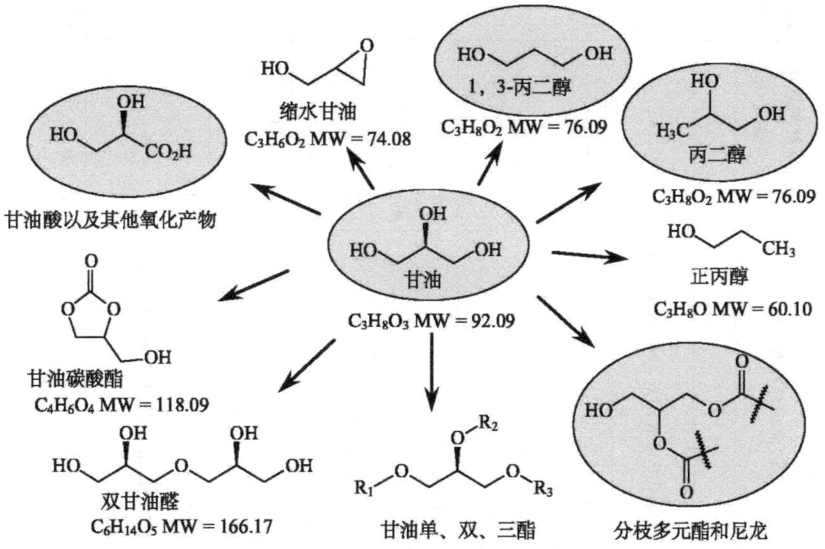

图 15　甘油衍生物的转化路径

9.10.4 作为衍生物考虑

甘油一般可以直接使用，或经过简单的结构修饰。目前的衍生物有三羧酸甘油酯、（硬脂酸、油酸）甘油酯，主要以化学方法生产。利用甘油特有的结构和特性来开发低

表 42　甘油潜在产品的初级经济估算

	目前市场规模/lb	甘油原材料成本估计/(美元/lb)	商业产品原料成本估计/(美元/lb)	商业产品价格比较/(美元/lb)	CHE 资源	
新型聚酯						
热塑(性)塑料工程聚酯	924×10^6(PBT)152×10^6(PET)	0.29～0.34	0.379 (PET) 0.590 (PBT)	1.00～1.40 (2002)	695.4020	+++++
聚酯膜	2209×10^6	0.29～0.34	0.379 (PET)	1.05～3.50 (2001)	580.1170	+++++
聚酯多元醇	1276×10^6	0.29～0.34	0.88 (脂肪族) 0.34 (芳香族)	0.65～0.70 (泡沫) 0.35～0.55 (芳香族泡沫) 1.10～1.30 (无泡沫) [2001]	688.2000	+++
聚酯纤维	35864×10^6	0.29～0.34	0.37 (PET)	0.63 (1999) 0.90～1.02 (1996)	541.9000	++
不饱和聚酯树脂	3896×10^6	配方需作研发		0.55～1.50 (2001)	580.1200	+++
COPE 橡胶	152×10^6(2000)	1.20～1.62	1.35～1.75	3.15～3.62	525.8200	++++
聚氨酯泡沫体	8661×10^6	0.29～0.34		0.22～0.33	580.1600	
聚氨酯泡橡胶	1276×10^6	0.29～0.34	1.06	1.85～4.72	525.6600	+ ++++
树脂	1575×10^6(2000)	0.35	0.53	0.75～1.35	592.6000	++++
涂层	4108×10^6(2000)	0.35	0.53	1.22～2.60	592.6000	+++++
甘油甲醛	新市场，最初用于上面的聚合体中间体	0.30～0.45				+++++
新尼龙	9028×10^6	0.73～0.87	0.96～1.02	1.25～1.70 (地毯)	541.7000	++++
				2.15～2.20 (纺织品)		
				0.85～0.12 (原材料		

续表

	目前市场规模/lb	甘油原材料成本估计/(美元/lb)	商业产品原料成本估计/(美元/lb)	商业产品价格比较/(美元/lb)	CHE 资源	机会
PLA 表面活性剂类似物	308×10^6 for PLA 10721×10^6	0.36～0.51 Formulation	新产品	0.75～1.00 for PLA Wide range of costs	670.5000 583.8000	
		R&D needed				
丙烯酸	7596×10^6	0.26～0.44	～0.12	0.87	606.4000	＋＋
碳酸甘油	未知;丙烯甘油 21×10^6 lb/a	0.20～0.35	0.84～0.91 二甲基碳酸盐	0.50～0.60 二甲基碳酸盐(印度)		＋＋＋＋

注：＋＋＋＋＋表示好；＋＋＋＋表示中等好；＋＋＋表示中等；＋＋表示中等偏下；＋表示坏

5 Leffingwell, G.; Lesser, M. Merck Index, 11th edition, p. 705 (1945).

5 Uniqema-http://www.uniqema.com/tech/index.htm

Stepan-http://www.stepan.com/aboutstepan/about.asp

Procter and Gamble- http://www.pg.com/frameset_fs.jhtml? frameURL=http%3A//www.pgchemicals.com

成本的各种新产品具有很大的发展优势。因为甘油本身无毒、可食用、易生物降解，其新产品具有较好的环境兼容性。低价甘油将打开聚酯、醚及其他化合物的巨大市场。从技术上来说，甘油的合成结构探索可以从几个不同的方式着手，如图 16 中甘油族潜在产品所示。值得注意的是，甘油技术的发展将拓宽整个生物炼制领域。由于甘油的结构与糖类似，从价格较便宜的葡萄糖、木糖等转化成甘油的过程发展必将极大地提高生物精制的多样性。

甘油的选择性氧化将拓宽其衍生物的范围，这些氧化物可以作为新的化学中间体，或者作为新的支链聚酯或尼龙的成分。这些产品将占据很大的化学品市场。聚酯目前的市场需求为每年 20 亿～30 亿 lb，价格为 1～3.5 美元/lb；而尼龙的市场需求为每年 90 亿 lb，价格为 0.85～2.2 美元/lb，并依赖于用途。用这些材料生产产品的技术关键在于需要开发具有选择性的催化剂，该技术能够在诸如甘油的多功能分子上进行操作。整个氧化过程也需要单独的氧化剂，如氧气或空气，来进行期望的转化。

新键断裂反应（氢解作用）能够生成大量有价值的中间体。丙二醇（PG）和 1，3-丙二醇（PDO）被认为是重要的衍生物，它们能够通过厌氧发酵从甘油生成。PDO 也可以生产，但通过葡萄糖来生产 PDO 的路线可能相对比较经济。PG 的转化通过化学催化法。美国的丙二醇生产能力为每年 15 亿 lb，因此丙二醇为甘油提供了巨大的市场。该转化方法最重要的是使其成本和石化路线具有可竞争性。再者，对于这种转化法，开发选择性的催化剂也是很重要的，特别是这种催化剂能够区分 C—C 键和 C—O 键。

9.10.5 展望

甘油可以用来生产很多化学品，随着甘油价格的下降，其必将成为生物炼制领域最重要的基础化学品。甘油的潜力已经作为油脂平台技术的一部分正在进行。具体信息见表 42。这种估算能够帮助了解甘油产品的很多潜在应用。

9.11 山梨醇（葡萄糖转化的糖醇）

9.11.1 糖到山梨醇的转化途径

表 43 糖到基础化学品的转化途径［山梨醇］

途径类型	技术障碍	衍生物的直接用途
化学转化：葡萄糖加氢	99.7%得率，没有重大技术障碍	
生物转化：无		

9.11.2 从山梨醇到衍生物的初级转化途径

表 44 第一类衍生物：脱水产物［山梨醇衍生物的初级转化途径］

途径类型	技术障碍	衍生物的潜在用途
异山梨醇、脱水糖	无副反应的选择性脱水反应 生成酐或内酯的脱水步骤 新的非均相催化（固体酸催化剂）取代已有液体催化剂	类似于 PET 的聚酯，如对苯二甲酸-异山梨醇-聚乙烯酯聚合体（用于耐高温容器）

表 45 第二类衍生物：化学键断裂反应（加氢反应）［山梨醇衍生物的初级转化途径］

途径类型	技术障碍	衍生物的潜在用途
丙二醇、乳酸	对 C—C 和 C—O 键的专一性 提高反应速率 催化剂体系对生物质原料中抑制剂的耐受度	抗冻剂、PLA

表 46 第三类衍生物：直接聚合产物［山梨醇衍生物的初级转化途径］

途径类型	技术障碍	衍生物的潜在用途
支链聚单糖	选择性酯化控制支链 控制分子大小和特性	水溶性聚合体（水处理等）、新聚合体的应用

基础化学品：山梨醇。

初级衍生物：第一类：脱水产物；第二类：键的裂解（氢化作用）产物；第三类：直接聚合产物。

山梨醇是葡萄糖脱水后的产物，已被几家公司进行了商业化开发，每年的需求量为 2 亿 lb。其生产过程采用 Raney 镍催化剂的间歇操作工艺。采用间歇工艺的主要原因是确保葡萄糖能够完全转化。因为大多数的山梨醇用于食品工业，对山梨醇中还原糖的要求严格，所以葡萄糖的是否完全转化十分重要。

由山梨醇作为基础化学品生成衍生物实质上不需要太多的研发。比较重要的可能是葡萄糖到山梨醇的转化过程中由间歇过程变成连续过程。Engelhard 已经证明利用钌-碳催化剂可以完成从葡萄糖到山梨醇的连续转化，在非常高的催化效率下收率接近 99%。这种新工艺能促使山梨醇成为一种廉价的原料来生产衍生物。山梨醇价格下降也会导致异山梨醇价格的下降。异山梨醇能够作为一种共聚单体来提高聚合物的玻璃化温度。这种新型聚合物的主要用途是作为 PET 共聚物来生产耐温的硬质容器。

9.11.3 作为基础化学品考虑

如上所述，除了对连续生产过程的说明外，山梨醇作为基础化学品的生产工艺没有太多困难。葡萄糖可以直接脱水生成山梨醇，在规模放大上也没有困难。图 16 描述了以山梨醇为基本成分来源的衍生物。

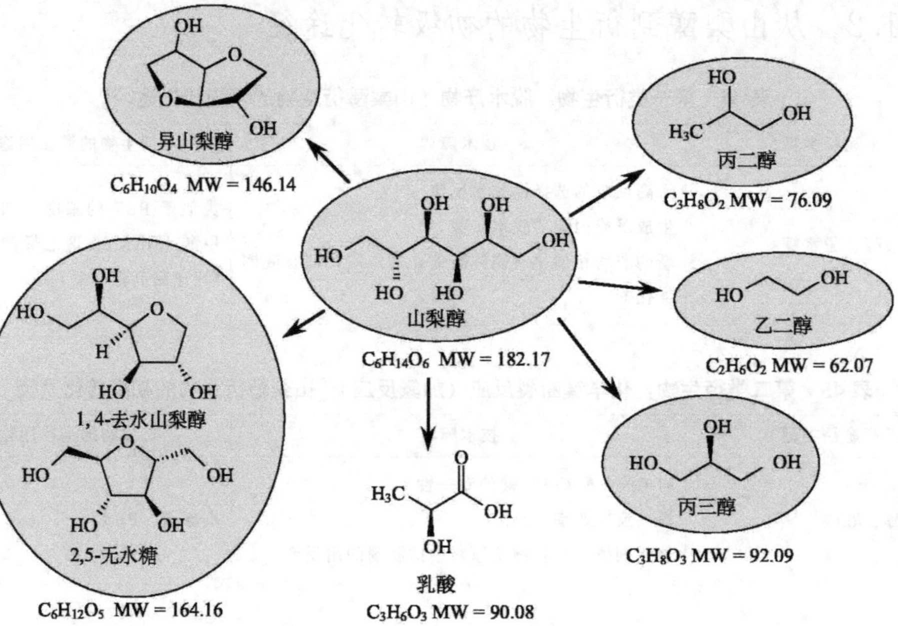

图 16　山梨醇的化学衍生物

9.11.4　作为衍生物考虑

第一类衍生物：异山梨醇

利用山梨醇生产异山梨醇最大的挑战在于开发过程和脱水催化剂的研制，以提高异山梨醇得率。报道中最高得率在 76%左右，而提高到 90%才可以使生产费用、回收与纯化成本有较大降低。

第二类衍生物：二醇类化合物

山梨醇加氢即可转化为二醇化合物（主要是丙二醇），但主要问题是如何提高丙二醇的收率。文献中最高收率是从 100lb 山梨醇得到 35lb 丙二醇，产业化要求至少要提高到 60lb 丙二醇，为此必须开发新的催化剂。

第三类衍生物：直接聚合产物

二醇类化合物在不饱和聚酯树脂中的共聚将是主流。其他直接聚合产物仍需进行性能和市场评价。

9.11.5　展望

山梨醇有很大的潜力成为生成大宗化学品的基础化学品。山梨醇转化成异山梨醇为重要单体的商业化应用提供了机会。山梨醇转化成丙二醇为大宗化学品的生产提供了一个大量、可再生的重要资源。

9.12 木糖醇/阿拉伯醇（来自于木糖和阿拉伯糖的糖醇）

9.12.1 从糖到木糖醇/阿拉伯醇的转化途径

表47 从糖到基础化学品的转化途径［木糖醇/阿拉伯醇］

途径类型	技术障碍	直接用途
化学转化：糖的加氢或生物质的预处理产物的萃取	几乎没有工业技术	无营养的甜味剂、糖酐、不饱和的聚酯树脂（UPR）
生物转化：木质纤维素的预处理	与其他糖的分离	

9.12.2 从木糖醇/阿拉伯醇到衍生物的初级转化途径

表48 第一类衍生物：氧化产物［木糖醇/阿拉伯醇衍生物的初级转化途径］

衍生物或衍生物家族	技术障碍	衍生物的潜在用途
木质酸和木纤维酸 阿拉伯酸和阿拉伯树胶酸	醇（ROH）到酸（RCOOH）的选择性氧化 避免空气、氧、过氧化氢等外源氧化剂 降低氧化剂的浓度（安全考虑） 催化体系对生物质原料中抑制剂的耐受度 从醛到酸和从醇到醛的选择性转化 酶氧化的辅因子	新用途

表49 第二类衍生物：键的裂解（加氢）产物［木糖醇/阿拉伯醇衍生物的初级转化途径］

衍生物或衍生物家族	技术障碍	衍生物的潜在用途
多羟基化合物（丙烯和乙烯基二醇） 乳酸	对C—C和C—O键的专一性 提高反应速率 对催化剂生物质中的毒性的耐受度	抗冻剂、UPR

表50 第三类衍生物：直接聚合产物［木糖醇/阿拉伯醇衍生物的初级转化途径］

衍生物或衍生物家族	技术障碍	衍生物的潜在用途
木糖醇、木质酸、木纤维酸 聚酯和尼龙 同类型的阿拉伯树糖醇	反应速率的控制 选择性酯化中支链的控制 控制分子大小和特性	新的聚合体

基础化学品：木糖醇/阿拉伯醇。

主要衍生物：第一类，氧化产物；第二类，键的裂解（加氢）产物；第三类，直接聚合产物。

木糖醇和阿拉伯醇是木糖和阿拉伯糖的加氢产物。木糖醇目前的工业应用有限，而阿拉伯树胶酸还没有产业化。木糖醇的应用之一是作为一种无营养的甜味剂，这种技术需要把五碳糖木糖和阿拉伯糖转化成木糖醇和阿拉伯醇，类似于葡萄糖转化生成山梨醇。从五碳糖加氢生成糖醇需要镍、钌、铑等贵金属作为催化剂进行加氢反应，没有重大的技术问题。

从木糖醇生成其衍生物的过程没有重大的技术问题。木糖到木糖醇的转化在化学机制上与从葡萄糖生成山梨醇相近，收率约在99%左右。Engelhard的研究证实，用钌作为碳催化剂能够实现从葡萄糖到山梨醇的连续生产，且在高催化效率下产率接近99%。从木糖到木糖醇的转化应与此相近。如果木糖的成本不高，木糖醇的生产成本也会非常低。

9.12.3 作为基础化学品考虑

如上所述，除了对连续生产过程的说明外，对木糖醇作为基础化学品的过程没有详细描述。原因是从木糖到木糖醇的转化预计不会有很多困难，现在需要做的是过程放大的验证。

9.12.4 作为衍生物考虑

第一类衍生物：木质酸

木糖醇选择性氧化后即可生成木质酸。氧化化学知识表明从山梨醇到葡萄糖二酸是可行的，但收率很低，据报道仅60%，但更麻烦的是从反应混合物中分离葡萄糖二酸。因此，从木糖醇选择性氧化到木质酸需要开发新的催化剂。另外，氧化剂需要使用氧气而不是硝酸和过乙酸等强酸。只有使收率提高到90%或更高，木质酸的生产才有可能实现产业化。

第二类衍生物：二醇类化合物

通过加氢可以将木糖醇转化为丙二醇和乙二醇。研究表明从木糖醇到丙二醇和乙二醇的收率可以达到80%以上，而未来要求达到90%以上以提高其经济性。目前主要的挑战是发现廉价的木糖来源。有一种思路是从木糖、阿拉伯糖和葡萄糖的混合糖直接转化，乙二醇作为初级产品，丙二醇作为次级产品，这可能会使二醇类化合物的成本降低，但尚需进一步的开发。

第三类衍生物：直接聚合产品

二醇类化合物与不饱和聚酯树脂的共聚是一个可能的选项。其他聚合物则需对其性质和应用做进一步的研究。然而，从五碳糖形成的聚合物可能与偶数碳糖形成的聚合物在性质上有所不同。

9.12.5 展望

木糖和阿拉伯糖类的五碳糖有成为生产大宗化学品的重要基础化学品的潜力（图17）。其技术挑战是如何得到一个相对较纯的糖原料。研究已经表明，从糖到糖醇、二醇类混合物的过程是可行的，但首先要实现的可能是生产乙二醇和丙二醇的转化。

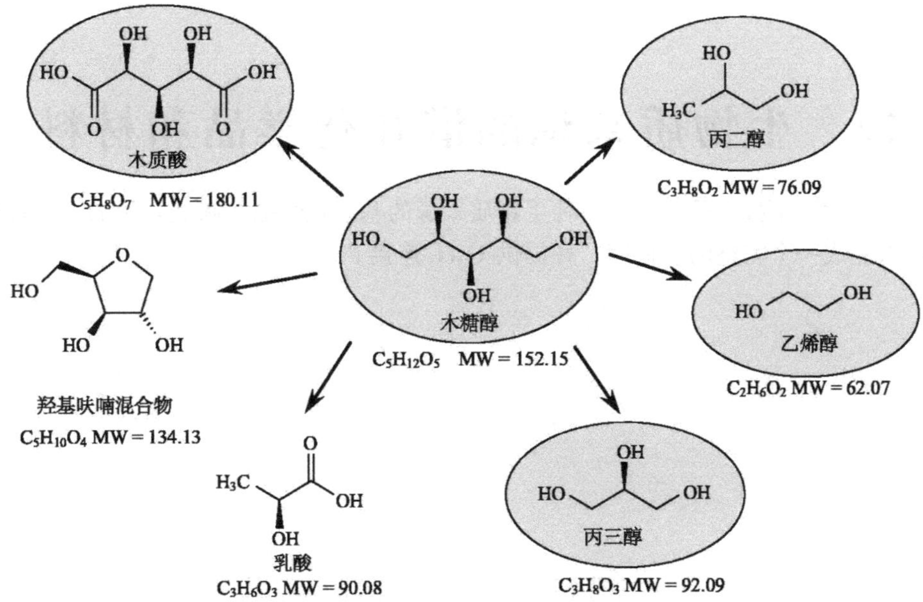

图 17　木糖醇衍生物的转化路径

10　生物质来源的潜在化学品和材料

如上所述，本报告是从300多种生物质来源的基础化学品的筛选开始的。本报告的最终版将完成一个完整的数据库，并提供URL连接。

参 考 文 献

开发潜在生物基产品的文献目录

Aggressive Growth in the Use of Bio-derived Energy and Products in the United States by 2010. Final Report and Data Volume, Arthur D. Little, October, 2001.

Alternative Feedstocks Program Technical and Economic Assessment: Thermal/Chemical and Bioprocessing Components. Prepared for DOE' s Office of Industrial Technologies, J. Bozell and R. Landucci, Editors, NREL 1993.

Biobased Products. Prepared for the Fifth Biomass Conference of the Americas by M. Paster and T. Carole. September, 2001 (personal communication) .

Chemical Economics Handbook, Stanford Research Institute International, Palo Alto, CA, 2002

Industrial Bioprocessing Alert. An electronic newsletter published regularly by Technical Insights Alert. Copyright 2003, Frost & Sullivan, San Antonio, TX 78229. ISSN 1056-7194.

Industrial Utilization of Renewable Resources: An Introduction. H. J. Szmant. Technomic Publishing Company, Inc. , Lancaster, Pennsylvania, 1986.

Process Economics Program Yearbook, 2002, Volume 3E. SRI Consulting, Menlo Park, California (contains process economics for 934 routes to produce 534 chemicals in the United States, Germany and Japan) .

Production of Organic Chemicals via Bioconversion: A Review of the Potential. Prepared for the US DOE' s Idaho Operations Office. S. A. Leeper, T. E. Ward, and G. F Andrews. EGG2645, July 1991.

The Bioproducts Industry: Today and Tomorrow. Prepared for DOE' s Office of the Biomass Program by Energetics, Incorporated. M. Paster, J. Pellegrino and T. Carole. July, 2003. http: //www. bioproducts-bioenergy. gov/default. asp.

化学与生物转化路径的文献目录

Ashford' s Dictionary of Industrial Chemicals. 2nd Edition. Wavelength Publications, Ltd. , London, England. 2001 (8, 360 entries with 7, 970 structured diagrams) .

Chemical Economics Handbook, Stanford Research Institute International, Palo Alto, CA, 2002

Industrial Organic Chemistry. Klaus Weissermel and Hans-Jurgen Arpe, 3rd Edition, VCH Publishers, NY (Wiley company) 1997.

The Merck Index: An Encyclopedia of Chemicals and Drugs. Merck & Co. , Inc. Rahway, NJ.

Kirk-Othmer Encyclopedia of Chemical Technology (online) . Copyright . 2003 by John Wiley & Sons, Inc.

Ullmann' s Encyclopedia of Industrial Chemistry (online) . Copyright. 2003 by Wiley-VCH Verlag GmbH & Co. KgaA.

New Biocatalysts: Essential Tools for a Sustainable 21st Century Chemical Industry. W. Scouten and G. Petersen. Copies available from W. Scouten at wscouten@utsa. edu and G. Petersen at gene _ Petersen@nrel. gov